Als noch Kartoffelfeuer brannten

Die Drucklegung dieses Buches wurde ermöglicht durch
die Südtiroler Landesregierung / Abteilung Deutsche Kultur
und den Bildungsausschuss Steinhaus - St. Jakob - St. Peter.

BIBLIOGRAFISCHE INFORMATION DER DEUTSCHEN NATIONALBIBLIOTHEK
Die Deutsche Nationalbibliothek verzeichnet diese Publikation in der Deutschen
Nationalbibliografie; detaillierte bibliografische Daten sind im Internet abrufbar:
http://dnb.d-nb.de

2016
Alle Rechte vorbehalten
© by Athesia AG, Bozen
Umschlagfoto: Archiv Konrad Steger
Illustrationen: Hans Luis Platzgummer
Design & Layout: Athesia-Tappeiner Verlag
Druck: Athesia Druck, Bozen

ISBN 978-88-6839-170-6

www.athesiabuch.it
buchverlag@athesia.it

KONRAD STEGER

Als noch Kartoffelfeuer brannten
Eine Kindheit im Ahrntal

 ATHESIA VERLAG

Für meine Eltern

*Ich wünsche Ihnen, liebe Leser und Leserinnen,
dass Ihre eigene Kindheit in Ihnen wieder lebendig wird,
während Sie über diese, von mir beschriebene lesen.
Ich wünsche Ihnen, dass Sie sich erinnern an das Schöne und
weniger Schöne. Der Mensch braucht die Erinnerung,
um in der Gegenwart Halt zu finden.*

Inhalt

Vorwort	9
Die erzählenden Personen	10
Prolog – Erinnern	11
Von Plumpsklos und Ferkeleien	13
Großmutter	20
Von Waschmaschinen und Zahnschmerzen	24
Kinderkrankheiten	29
Die „Figaro" und eine praktische Erfindung	34
Das „Königreich Mauretanien"	37
Kirchtag!	42
Eine staubige Arbeit und die Forelle im Mehl	43
Almgeschichten	48
Bergmahd	53
The Rolling Stone	58
Wintergeschichten	61
Heiligabend und „Neujahrsschreien"	65
Skifahrer	69
Auf der Suche nach „verlorenen Steinchen"	72
Waldi und der folgenschwere Biss	74
Tiergeschichten	77
Raufereien und Vaters Besonnenheit	81
Lehrergeschichten und das Fleischgericht der Wiese-Nanne	85

Prolog – Erinnern

Das Foto auf der Einladung zeigte ein rotwangiges und pausbäckiges Mädchen mit etwas abstehenden Ohren. Die Haare waren zu Zöpfen geflochten. Es lächelte treuherzig in die Kamera. Die dunkelbraunen Augen blickten scheu und unschuldig. Mutter hatte ihr für den Fototermin die beste weiße Bluse und den roten Festtagspullover angezogen.

Das Foto zeigte Franziska vor mehr als fünfzig Jahren. Ein Augenblick, eingefangen auf einer Schulbank. Die Zeit war erstarrt auf einem glänzenden Stück Papier. Und noch während der Fotograf seinen Apparat abgesetzt hatte, war die Uhr weitergetickt, die Minuten und Stunden waren unerbittlich weitergerast. Nur manchmal war die Zeit wie eingefroren gewesen, in den Zeiten der Verletzungen, der Angst und der Trauer.

Nun saßen sie da, alle fünf Geschwister und ihre Begleiter, an einem Wirtshaustisch und feierten Franziskas Geburtstag. Eine normale Familie, ganz normale Geschwister.

Das Schicksal hatte es mit allen recht gut gemeint. Manche waren mehr, die anderen weniger glücklich. Die Zeit hatte an allen ihre Spuren hinterlassen. Manchmal hatte sie das Schicksal verwöhnt und sie dann wieder verfolgt oder geschlagen. Allen hatte die Zeit Falten und Runzeln in die Gesichter gegraben.

Franziska war also sechzig geworden. Anton hatte einmal zu Klaus, der ihm am nächsten stand, gesagt, dass dieser

„runde Geburtstag" zu feiern wäre. Ehe es zu spät, und einer nicht mehr da sei, auf einmal. Alle hatten, mehr oder weniger begeistert, zugestimmt und waren gekommen.

Sie waren schon jenseits der fünfzig, den einen hatte es dahin verschlagen, den anderen dorthin. Die Mehrheit hatte Kinder und Kindeskinder. Jeder war mit seinem Alltag und seinen Sorgen beschäftigt. Die einen waren mit den anderen mehr oder weniger in Kontakt geblieben, die anderen hatten sich voneinander entfremdet. Die Eltern waren schon längst nicht mehr.

Dabei waren sie vor fünfzig Jahren alle Kinder gewesen, so wie Franziska auf dem Foto. Die Mädchen hatten Zöpfe getragen, die Buben waren von Hand ihres Vaters grob geschoren worden. Sie hatten gestritten und dann wieder zusammengehalten wie Pech und Schwefel.

Die Gespräche bei Tisch führten sie, ausgelöst vom Betrachten des Fotos, zurück in die Zeit. Erinnerungen, die sie längst schon verschüttet geglaubt hatten, tauchten auf, waren plötzlich da, trieben an die Oberfläche. Das eine ergab das andere. Besonderes und Heiteres waren es vor allem, die es wert waren, sich daran zu erinnern. Ein Erzählen begann.

Weißt du noch, als wir Kinder waren? Weißt du noch damals in der Schule? Als das alte Haus noch stand? Wie war doch damals alles noch ganz anders … Weißt du noch, wie damals Mutter, Vater …?

Von Plumpsklos und Ferkeleien

Der Hof stand am Sträßchen, welches zur Kirche auf den Bühel hinaufführte. Von der Straße ging eine lange, steile Stiege hinauf zum *Söller*, den die Sonne in den Jahrhunderten verbrannt hatte und der zum Toreingang führte. Der *Söller* hallte und dröhnte jedes Mal, fast wie eine schlecht gestimmte Glocke, wenn man schnell über die Treppe hinunterlief. Anton tat das oft, wenn ihm die Geschichte vom Teufel in den Sinn kam. Der Teufel, welcher hinter der Stiege gehockt und die Leute erschreckt hatte, indem er seine Zunge hatte über die Treppenstufen hinunterhängen lassen, oben beim Rieserbauern, im nächsten Dorf. Danach hatte er immer in der Klamm neben dem Hof vor Freude gejauchzt. Doch die Rieserbuben hatten es ihm einmal gezeigt. Sie hatten ihre Fußeisen angeschnallt, welche im Winter bereitlagen für die eisigen Wege, und waren damit über die über die Treppe hängende Zunge des Teufels hinuntergelaufen. Da habe der Teufel heulend Reißaus genommen und sich auf dem Rieserhof nie mehr wieder blicken lassen.

Vom Toreingang weiter führte der *Söller* zum *Labl*, einem Kasten aus grau verwitterten Brettern, welcher an das *Feuerhaus* angebaut war, und wie ein Wachturm gegen die Straße hin hinausragte. Dies war der Ort, an dem sich die Kinder manchmal gerne zurückzogen. Hier konnte man sich gut verstecken. Wenn man in dem winzigen, zugigen Bretterverschlag drin war, konnte man den Riegel vorschieben und hatte seine

Ruhe. Zumindest so lange, bis jemand das Örtchen aufsuchen musste. Und das waren viele, auch einige Kirchgänger pflegten beim *Labl* eine Pause einzulegen, um sich zu erleichtern, bevor man die heiligen Hallen betrat. Die Gerüche, welche aus der Abortgrube aufstiegen, waren nicht besonders angenehm, insbesondere an heißen Tagen im Sommer, aber daran konnte man sich gewöhnen und es leicht aushalten, fanden die Kinder. Es gab so viel zu beobachten im *Labl*: Wenn man sich zur winzigen Fensterluke hinaufzog, konnte man auf die Leute herunterschauen und sie belauschen, wenn sie zur Kirche hinaufgingen. Oder über die Straße herunterkamen.

Einmal hatte Robert, der Älteste, er war erst sechs oder sieben Jahre alt, an einem Sonntag alle *Krapfen* ins *Labl* geworfen, welche seine Mutter gebacken hatte. Sie hatte ihn hin- und herlaufen gehört, mit schnellen Schrittchen zwischen Küche und *Labl*, ständig hin und her. Da war sie der Sache auf den Grund gegangen und hatte, zu ihrem Entsetzen, unten auf dem Grund der Grube die *Krapfen* gesehen, welche im Dämmerlicht goldgelb heraufleuchteten. Weshalb Robert das getan hatte, blieb sein Geheimnis. Wahrscheinlich hatte er den *Krapfen* fasziniert nachgeschaut, wie sie, einer nach dem anderen, kreiselnd hinuntersegelten und unten in der Grube aufklatschten. Sein Vater musste sie daraufhin mit einer Stange unterrühren, bevor die Kirchgänger kamen und das Malheur entdeckten. So wollte er wohl den Verdacht auf Verschwendung von Lebensmitteln zerstreuen.

Im Winter konnte man im *Labl* durch die drei Löcher, die zum Draufsitzen und Geschäftemachen gedacht und in das

Sitzbrett gesägt worden waren, beobachten, wie der *Lablkinig* unten in der Grube in die Höhe wuchs. Die hinabgefallenen Exkremente gefroren und legten sich Schicht auf Schicht. Im Frühjahr, wenn es wieder taute, fiel der *Lablkinig* wieder in sich zusammen. Oder er musste umgestoßen werden, wenn er sich zu hoch auftürmte. So war eben der Lauf der Dinge.

Einmal im Jahr musste die Grube ausgeräumt werden. Dazu mussten die großen Flügeltüren unten an der Straße geöffnet werden, sodass man an die Grube herankam. Auf die Türe außen hatte der Vater, aus unerfindlichen Gründen, mit weißer Farbe, schief, orthografisch nicht ganz korrekt und in ziemlich großer Schrift „Sanft schliesen" hinaufgeschrieben. Damals gehörte das Wort „sanft" noch nicht unbedingt zum Sprachgebrauch der einfachen Leute. Aber der Bauer war recht belesen. An wen die Botschaft gerichtet war, wusste wahrscheinlich nur er. Auf jeden Fall liebte er es, den Leuten manchmal ein kleines Rätsel mit auf den Weg zu geben.

Zum Herausschöpfen der *Sure* diente eine lange Stange, an welcher ein Stahlhelm befestigt war. „Die passende Verwendung für das Kriegsgerät", hatte er einmal lachend gesagt.

Man erzählte sich, wie dort unten, vor langer Zeit, einmal ein Bettler eingestiegen sei. Er hatte ein paar Bretter gelöst und sich am Rand der Grube stehend versteckt, um die Frauen von unten zu beobachten, wie sie sich zum Verrichten der Notdurft auf das Brett setzten. Es sei ihm übel ergangen, denn er sei entdeckt worden. Eine Frau habe, zufällig, nach verrichtetem Geschäft, hinuntergeschaut und entsetzt in das grinsende Gesicht des Bettlers geblickt. Da hätten ihn die

Knechte nicht mehr aus der Grube herausgelassen. Von oben habe man Steine ins *Labl* geworfen, sodass die Brühe nur so gespritzt und den Bettler über und über mit Kot und fetten Maden bedeckt habe. Dann endlich habe man ihn ausgelassen, und er sei schreiend und fluchend davon. Recht war ihm geschehen, dem unkeuschen Hund, so sagte man.

In den Dachsparren des *Labl*s hatte sich einmal ein Wespenvolk niedergelassen, und der graue Kessel, aus welchem unten aus einem winzigen Loch die Wespen emsig ein- und ausschlüpften, war Schicht um Schicht gewachsen. Jeden Tag ein bisschen mehr, wie eine Zwiebel, bis er so groß wie ein Kinderkopf war. Dann hatte ihn Hans, der Knecht, ausräuchern wollen. Hans, welchen die Kinder den „Häza" riefen, das Schwein, das „Ferkel".

In den Augen der Kinder sah er aus wie ein „Ferkel", mit seinen roten, borstigen Haaren und dem stets rot angelaufenen Gesicht. Hans hatte mit einem Stock ein brennendes Stück Papier unter den Kessel gehalten, und dieser war sofort in Flammen aufgegangen. Aber leider nicht nur der Kessel, auch die Dachsparren und die Bretter hatten zu brennen begonnen. Er hätte das *Labl* beinahe abgefackelt, und wer weiß, was sonst noch alles. Daraufhin hatte er wie ein Irrer geschrien und geflucht, und er wollte das Feuer verzweifelt löschen, mit seinen Händen und seiner Jacke. Endlich kam der Bauer und löschte den Brand mit ein paar Wassergüssen. Im letzten Augenblick, noch bevor das ganze Dach in Flammen stand. Er war zornig geworden und hatte Hans, das „Ferkel", beschimpft und angeschrien. Ob er denn den ganzen Hof zugrunde richten wolle in seiner Dummheit? Es war äußerst selten, dass Vater schimpfte. Sonst konnte ihn nämlich nichts aus der Fassung bringen.

Die Angelegenheit war zu ernst, als dass sich die Kinder getraut hätten, zu lachen, damals. Das geschah erst später, als sich die Situation entspannt hatte. Als nur noch die Spuren der Dummheit des Knechtes sichtbar waren, die verkohlten Dachsparren. Die Kinder hatten danach gebrüllt vor Lachen über die Dummheit des „Häza".

Sie mochten es nun mal nicht, das „Ferkel". Das beruhte augenscheinlich auf Gegenseitigkeit, denn Kinder und Knecht begegneten sich einander voll Misstrauen. Das „Ferkel" war ständig missgelaunt, gereizt und verbittert. „Das kommt davon, dass er keine Frau kriegt, denn wer heiratet schon ein „Ferkel" mit roten Haaren und einem Schweinchengesicht", hatte Franziska vermutet. Diese Vermutung war schließlich für alle zu einer beschlossenen und anerkannten Tatsache geworden.

Franziska war besonders schlecht auf den Knecht zu sprechen, seit er ihr einmal fast den Kopf in der Tür eingeklemmt hatte. Das war so gekommen: Robert sah an einem Samstag, wie der Knecht im *Labl* verschwand. Dabei blieb einen Moment lang die Tür offen. Robert sagte später, der Knecht hätte sich sein Unterhemd über den Kopf gezogen und wäre mit nacktem Oberkörper dagestanden. „Er hat auch rote Borsten auf der Brust und auf dem Rücken", behauptete Robert, doch das glaubte ihm keines seiner Geschwister. Sie lachten ihn nur aus.

Sie fanden heraus, dass er sich jeden Samstag rasierte, denn sie sahen unten im Dämmerlicht des Auffangbeckens Zeitungspapier und darauf Rasierschaum mit rötlichen Stoppeln. Außerdem hing im Plumpsklo ein rostender, alter Spiegel, in den der Knecht wohl beim Rasieren hineinschaute.

Die Geschichte mit den Borsten auf der Brust beschäftigte Franziska anscheinend so sehr, dass sie an einem Samstag dem Knecht nachschlich. Jedes der Kinder hatte staunend ihren Mut bewundert. Sie hatte die Türe aufgemacht und den Kopf hineingesteckt, um nachzusehen, ob die Geschichte mit der Borstenbrust wohl stimmte. Das Knarren der Holztür musste sie wohl verraten haben, denn der Knecht knallte die Türe fluchend zu. Franziska konnte im letzten Moment noch ihren Kopf zurückziehen. Sie war sich bewusst, dass sie großes Glück gehabt hatte. Aber am meisten ärgerte sie, dass sie seine Brust nicht hatte sehen können, um den Wahrheitsgehalt von Roberts Behauptung zu überprüfen.

Sie fragten ihre Mutter, ob denn Männer Haare auf der Brust hätten. Doch Mutter lachte nur und sagte etwas beschämt, sie wüsste das nicht so genau. Sie kenne als Mann nur Vater genauer, und der hätte auf jeden Fall keine Haare, zumindest nicht auf der Brust.

Bei Tisch ärgerte die Kinder besonders die Gefräßigkeit des „Ferkels". Er beanspruchte zum Beispiel in der Muspfanne einen unverhältnismäßig großen Teil für sich, indem er mit dem Löffel eine Furche zog und so die Grenzen festlegte. Keines der Kinder durfte diese überschreiten. Einige Male rächten sie sich, indem sie seinen Löffel, den er wie jeder nach dem Essen mit dem Tischtuch abputzte und in eine Lederschlaufe unter dem Tisch steckte, bespuckten und ihn mit Salz einrieben. Robert kam sogar einmal auf die Idee, den Löffel mit einer bitteren Enzianwurzel einzureiben, welche seine Mutter zu medizinischen Zwecken mit Schnaps angesetzt hatte. Mit diebischer Freude beobachteten die Kinder bei der nächsten Mahlzeit die Reaktion des „Ferkels". Kaum hatte dieser den Löffel in den Mund gesteckt und den ersten Bissen geschluckt, spie er auch schon wieder das Essen aus. Er schrie, schimpfte und verließ fluchend die Stube. Nachdem der Bauer den Grund dieses Zornausbruches herausgefunden hatte, sah er sich genötigt einzuschreiten. Er verbot das Löffelspiel. Aber der Knecht putzte dennoch jedes Mal vor einer Mahlzeit seinen Löffel peinlich genau an der Tischdecke ab. Aus Misstrauen, erst dann begann er zu essen.

Dass das „Ferkel" nicht um *Lichtmess* den Arbeitsplatz wechselte, wunderte die Kinder immer. Wahrscheinlich lag es daran, dass ihr Vater es in Ruhe seine Arbeit verrichten ließ. Er schimpfte nie und erteilte ihm keine Befehle, solange es seine Arbeit selbstständig verrichtete. Das wusste das „Ferkel" wohl zu schätzen. Nun, es gab gewiss schlimmere Bauern.

Großmutter

Die Erinnerung an die früheste Kindheit kam, als die Mutter ihren Kindern davon erzählte. Großmutter habe Anton manchmal gerufen, mit schwacher Stimme. „Komm, kleiner Anton, komm zu mir, ich hab' ein *Zuggole*, ein Bonbon, für dich!" Und er sei hineingewatschelt auf seinen unsicheren Beinchen, zur Großmutter, die still und gelb in der Kammer neben der Stube im Sterben lag. Seit einem Jahr lag sie dort, vom Krebs an den Strohsack gefesselt. Er habe mit seinen Patschhändchen nach dem Bonbon gegriffen, wie immer, und da habe ihn plötzlich eine namenlose Angst überfallen, als sein Blick auf den großen Kleiderschrank fiel. Die Gitarre. Im Halbdunkel hatte sie sich bewegt und hatte mit ihrem riesigen, orangegelben Gesicht und dem aufgerissenen Mund böse auf ihn heruntergeschaut. Anton sei aus der Kammer geflüchtet, schreiend und in panischer Angst über die Schwelle stürzend.

Er habe die Kammer nicht mehr betreten wollen, bevor man nicht die Gitarre entfernt hatte. Auch wenn ihn seine Großmutter noch so habe hineinlocken wollen mit ihren Bonbons, die sie im Nachtkästchen aufbewahrte. Seine Mutter hatte die Angst natürlich bemerkt und versucht, ihn zu beruhigen. Sie hatte ihn in die Kammer getragen, um ihm zu zeigen, dass die alte Gitarre nicht mehr da lag. Doch vergeblich. Großmutter konnte ihn nur noch bis an die Schwelle locken. Weiter ging er nicht mehr, obwohl er doch so gerne ein Bonbon von Großmutter bekommen hätte.

Die Gitarre machte ihm weit mehr Angst als die riesigen Gänse des Nachbarn, die ihm einmal mit weit geöffneten Flügeln und zischend nachgelaufen waren. Und er in wilder Flucht davon.

Anton machte vieles Angst, auch die Nächte ohne seinen Schnuller, der ihm Geborgenheit gab, bis er fünf Jahre alt war. Er wollte einfach nicht davon lassen, bis ihm Mutter sagte, dass im Schnuller Würmer hausen würden, darin herumkriechen würden. Das wirkte. Seitdem wollte Anton von seinem bis dahin über alles geliebten Schnuller nichts mehr wissen. Nur im Schlaf suchte er ein paar Mal noch verzweifelt danach.

Als Großmutter starb und begraben worden war, musste Anna in Großmutters Kammer ziehen. Sie sei doch so groß und brauche mehr Platz, versuchte die Mutter ihr die Kammer schmackhaft zu machen. Doch mit dem Abend und der Dunkelheit kam die Angst. Da blickten die dunklen Äste in den Brettern der Täfelung wie Augen zu ihr herunter. Sie schienen sich in der Dunkelheit zu bewegen, zu kreisen. Die Augen der verstorbenen Großmutter? Da war das leise Knarren der Bodendielen und das Rauschen und Heulen, wenn der Wind ums Haus strich. Immer wieder zog Anna das Bett über den Kopf und horchte angstvoll. Waren da leise Schritte, ein Flüstern? Kam Großmutter?

Großmutter. Sie war die eigentliche Bäuerin gewesen seit dem Tod des Großvaters. Sie hatte immer das Sagen gehabt, bis ihr Sohn heiratete, mit fast 40 Jahren, und auch danach noch. Beim Fällen einer alten Esche hatte den Großvater ein dicker Ast erwischt und ihn niedergestreckt. Er hatte über Schmerzen in der Brust geklagt, und man hatte ihn in die Stube getragen. Da lag er nun und wurde immer schwächer und schwächer. Als man endlich einen Arzt rief, war es zu spät gewesen. Innerlich verblutet, stellte dieser fest. Den Ersten Weltkrieg hatte Großvater überlebt, die Angst, das Grauen, den Hunger, die Entbehrungen und die Erfrierungen. Den Ast einer fallenden Esche nicht. Schicksal.

Um die Erbschaftssteuer nur einmal bezahlen zu müssen, hatte man auf Anraten des Pfarrers hin, dem Sohn den Hof überschrieben. Er war damals erst 19 Jahre alt gewesen. Der Junge sei ein anständiger, ehrlicher Mensch, der sich dem Willen seiner Mutter füge, hatte der Pfarrer gesagt. Und das stimmte auch. Er wäre nie auf die Idee gekommen, dass er das Erbe hätte zugrunde richten können, es verprassen oder verspielen. Nie war ihm eingefallen, seiner Mutter zu widersprechen. Die Bäuerin war immer sie gewesen, nicht er, der er der Bauer nur auf dem Papier war. Auch noch, als sich seine Haare schon, mit fast vierzig Jahren, zu lichten begannen. Sie allein hatte die Gewalt über den schmalen Geldbeutel des Hofes.

Mit vierzig Jahren hatte der Bauer also geheiratet, sieben Jahre nach dem Krieg. Eine 33-jährige stolze, schöne Frau. Und dann waren die Kinder gekommen, fünf: Franziska, die Älteste; Robert, als ältester Bub der Hoferbe; Anna; Anton und der Jüngste, Klaus.

In der Vorstellung der Kinder hatte die Hebamme die Kinder gebracht. In der großen Tasche, die sie mit sich schleppte.

Und alle waren sie in der Stube von der Hebamme auf die Welt geholt worden.

Es war üblich, dass dann eine Henne das Zeitliche segnete, damit die Wöchnerin wieder auf die Beine und zu Kräften kam. Und die älteren Geschwister hatten sich über die *Aufwarterin* gefreut, die die Wöchnerin betreute und Essen kochte. In dieser Woche fiel nämlich auch besseres Essen für die Kinder ab, etwa Nudelsuppe, Germzopf und Weißbrot. Denn es kam viel Besuch von Verwandten und Nachbarn, welche das neugeborene Kind begutachteten und *Waisat* mitbrachten. Meistens waren es einige Hefeteigzöpfe oder Weißbrot. Die Bäuerinnen besuchten sich nach einer Geburt untereinander und brachten Stoff für die Kleidung des Kindes mit. Manchmal auch sogar einen Kilo Würfelzucker. Die Mutter erzählte noch Jahre danach davon, dass ihr Bruder ihr einmal eine Roulade zur Stärkung ans Wochenbett gebracht hatte.

Von Waschmaschinen und Zahnschmerzen

Das Leben auf dem kleinen *Einhof* war einfach und sehr bescheiden. Im angebauten, dunklen Stall standen fünf Kühe an der Kette und noch drei Jungtiere. In einem Koben hausten zwei Schweine. Niemandem war die Armut bewusst. Die Mutter umsorgte ihre Kinder, so gut sie konnte. Sie war sehr einfallsreich, was die Kost betraf, niemand hungerte.

Den Alltag der Kinder bestimmte die Arbeit. Sie mussten von klein auf die Kühe hüten, auf dem Feld mithelfen, das Gras zusammenrechen, zum Trocknen aufhängen und auf dem Stadel einlagern. Der Bauer trug das Heu in einer Buckelkraxe dorthin. Die Kinder verteilten es in den *Dielen* und traten es fest. Es war heiß unter dem Dach und staubte furchtbar. Die Kinder mussten überall mit anpacken, das war selbstverständlich. Überall im Dorf war das so, kein Kind beklagte sich darüber.

Die Kleidung war sehr einfach. Jeder der Buben hatte ein paar Hosen, ein paar Unterhosen, einige Hemden und *Jangger*. Die Mädchen trugen Röcke, Blusen und Strümpfe. Man wusch sich in einer Waschschüssel und badete zwei-, dreimal im Jahr in einem Aluminium-*Schaff*, das für die große Wäsche da war. Das Wasser musste vom Trog unten an der Straße heraufgetragen werden, sommers wie winters.

Ein solches Bad im großen *Schaff* wäre dem kleinen Anton fast einmal zum Verhängnis geworden. Nachdem seine Mutter ihn gebadet, in ein Leintuch gewickelt und auf die warme Ofenbrücke gelegt hatte, war sie gegangen, um ein sauberes Hemdchen zu holen. Der frisch gebadete Anton hatte quietschvergnügt angefangen zu strampeln und war auf der Ofenbrücke herumgekrabbelt. Und dann geschah ihm das Missgeschick. Ein Schutzengel musste seine Flugbahn berechnet haben. Denn er stürzte aus zwei Meter Höhe mitten ins *Schaff.* Seine kleinen Geschwister stimmten mit in sein Geschrei ein. Dann kam endlich die Mutter und zog den prustenden und spuckenden Anton vollkommen heil aus der Wanne.

Im Wassertrog unten an der Straße wurde auch die Wäsche gewaschen, bis man eine Waschmaschine kaufte – die Erste im Dorf, eine deutsche „Bauknecht". Dazu war man gezwungen, denn die Ärzte hatten der Mutter nach einer schweren Krankheit verboten, weiterhin im kalten Wasser Wäsche zu waschen.

Die Sache mit der Waschmaschine hatte sich im Dorf herumgesprochen. Einmal kamen zwei Bäuerinnen, um diese neumodische Maschine zu begutachten. Sie schauten, auf einem Stuhl sitzend, einen ganzen Waschgang lang zu, etwa zwei Stunden, wie sich die Wäsche in der Trommel drehte und bewegte. Anschließend äußerten sie sich der Bäuerin gegenüber wenig überzeugt über die Qualitäten dieser neumodischen Maschine. Sie bezweifelten, dass die Wäsche auch wirklich sauber geworden war. Außerdem war ihnen das komische, teure Pulver suspekt, das da hineingeschüttet werden musste.

Der Familie ging es also recht gut. Die Mutter umsorgte alle. Immer gab es Milch und Brot, Butter, Speck und Graukäse und alles, was auf den kargen Feldern wuchs. Gekauft wurde fast nichts, außer Zucker und Salz, und manchmal auch etwas Marmelade. Diese wurde damals aus einem Holzfass geschöpft und in ein Stück Butterpapier gewickelt.

Im düsteren Keller, in den eine steile Stiege hinunterführte, lagerten Kartoffeln. Der Keller war mit groben, kalten Steinplatten ausgelegt. Zweimal im Jahr hing da ein Schwein, nachdem es geschlachtet worden war. Es wurde mit Haut und Haaren aufgegessen. Ein Bottich mit Kraut stand unten, beschwert mit Brettern und Steinen. Die Kinder stampften das Kraut mit nackten Füßen, bis zu den Knöcheln im Saft stehend. Im *Untodoch*, in der Dachkammer stand eine riesige Korntruhe, worin Roggen gelagert wurde. Man brachte ihn in einem *Stibich*, einem Tragebehälter aus Holz, drei-, viermal im Jahr in die Mühle zum Mahlen. Anschließend wurde Brot gebacken und in einem Holzrahmen gelagert, der an der Wand befestigt war, sodass die Mäuse nicht herankamen. Das Brot wurde sehr schnell hart, hart wie Stein. Es musste mit der *Gromml* in Brocken geschnitten und dann eingeweicht werden.

Einmal beugte sich der Vater über die Truhe und wollte Korn herausschöpfen. Da fiel der schwere Deckel der Truhe plötzlich herab. Ein dumpfer Schrei, und er stand wehrlos und schmerzerfüllt gefangen da, eingeklemmt, bis ihn seine Frau und Robert befreiten. Er spuckte Blut und schrie immer wieder auf, wenn er sich falsch bewegte oder lachte, denn eine gebrochene Rippe stach ihm dabei in die Lunge. Natürlich ging er nicht zu einem Arzt. „Wegen jeder Kleinigkeit rennt man nicht zum Arzt", sagte er. Überhaupt war er nicht zimperlich oder gar wehleidig. Beim Hacken von *Eschreisern* war ihm einmal das *Laubmesser* in eine große Zehe gefahren und hatte sie gespalten. Daraus machte er weiter kein großes Drama. Er schwor auf die Heilkraft der Blätter des Frauenmantels, der auf feuchten Wiesen und an Wald- und Straßenrändern wächst. Er wickelte die gespaltene Zehe in ein paar Blätter und verband alles mit einem Streifen Stoff. Nach einer Woche war die Zehe wieder „wie neu", wie er sagte. Und tatsächlich, nicht einmal eine Narbe war mehr sichtbar.

Zimperlich durften auch die Kinder nicht sein. Einmal wurde Anton von fürchterlichen Zahnschmerzen geplagt. Da brach sein Vater mit ihm auf und brachte ihn auf dem einstündigen Weg zum Dorfzahnarzt, zum Hiëcha-Franz. Eigentlich war der Franz ja Kesselflicker und Mechaniker. Er war ein dünner, einfühlsamer Mann. Er legte von hinten beruhigend einen Arm um den Jungen, ließ ihn den Mund aufmachen und sich zeigen, welcher Zahn ihm denn schmerze. Anton, der in seiner Not und Angst nicht mehr genau sagen konnte, welcher Zahn ihm denn wehtäte, der Backenzahn ganz hinten oder der davor, zeigte auf den hinteren. „Komm her, mein Junge, das werden wir bald haben." Dann griff er nach der Zange, ein Ruck, und schon war der Zahn draußen. „Da ist er, der Bösewicht, du bist ein tapferer Junge", sagte der Kesselflicker, strich sanft über dessen Haare und hielt den Backenzahn triumphierend in die Höhe. Anton durfte seine blutende Spucke anschließend in ein *Kehrtatl* mit Sägemehl triefen lassen und den Zahn in Papier eingewickelt als Souvenir mitnehmen. Anschließend ging es zurück nach

Hause. Doch kaum angekommen, Antons Aufregung und Angst hatten sich ein wenig gelegt, begann der Zahn vor der Wunde zu schmerzen und zu bohren. Der Schmerz wollte und wollte einfach nicht mehr aufhören. Was blieb da dem Vater anderes übrig, als sich wieder, gewiss schweren Herzens, mit dem achtjährigen Jungen an der Hand auf den Weg zum Kesselflicker-Zahnarzt zu machen? Auch der Franz war sehr betrübt über das Missgeschick und begann zu lamentieren, das Schicksal zu verfluchen und den Jungen zu bedauern. Doch was nützte das, der richtige Bösewicht musste heraus. An diesem Tag spendierte der Vater seinem Sohn im Gasthaus „Kordiler", an dem sie vorbeikamen, eine Aranciata, eine mit viel Kohlensäure versetzte Limonade. Diese wurde damals *Krachale* genannt, weil beim Aufmachen des bauchigen Fläschchens die Kohlensäure zischend entwich. Es kam praktisch nie vor, dass der Vater seinen Kindern im Gasthaus etwas kaufte, außer an diesem besonders bemerkenswerten Tag.

Kinderkrankheiten

Wenn ich so zurückdenke, dann waren unsere Kinderkrankheiten immer von Angst und Schrecken begleitet.

Einmal sind meine Geschwister alle an Scharlach erkrankt. Diese Kinderkrankheit tritt heute zwar seltener auf, aber sie ist immer noch alles andere als harmlos, auch wenn sie heute gut durch spezielle Antibiotika behandelbar ist.

Scharlach war damals eine gefürchtete, ansteckende Krankheit. Heute weiß ich, es ist eine Infektionskrankheit, welche vor allem durch Tröpfcheninfektion übertragen wird und mit hohem Fieber, Schüttelfrost, Rachenentzündung, einer „Himbeerzunge" und einem typischen scharlachroten, feinfleckigen Hautausschlag einhergeht. Gelegentlich folgt auf die Infektion mit Scharlach noch eine Zweiterkrankung mit möglichen Nieren-, Mittelohr-, Augen- und Herzentzündungen. Meine Schwester Franziska muss seit dieser schweren Scharlacherkrankung eine Brille tragen.

Also meine Geschwister waren alle an Scharlach erkrankt. Nur ich war noch auf den Beinen und musste meiner schwer geplagten und besorgten Mutter als Krankenschwester assistieren. Ich kochte Tee und legte meinen scharlachrot gefleckten Geschwistern nasse, kühlende Tücher auf die fiebrige Stirn. Das Fieber, welches man damals noch mit einem Glasthermometer mit Quecksilberfüllung maß, stieg auf lebensbedrohliche 41 Grad Celsius. Die Quecksilbersäule musste man danach wieder mühsam zurückklopfen. Mutter bekam schreckliche Angst, als das Fieber stieg und stieg. Vater war gezwungen, nun doch endlich den Gemeindedoktor zu holen. Natürlich wartete er bis zum letzten Moment, ob das Fieber nicht doch von allein sänke, wusste er doch, dass ein Arztbesuch mit erheblichen, nicht geplanten Ausgaben verbunden war. Der Hausarzt war ein wortkarger, streng dreinblickender Herr mit rundem Kopf, Brille und leicht gewellten Haaren. Es war allgemein bekannt, dass er gerne einem Gläschen Wein, oder auch zwei, zusprach und vor seinen Patienten Zigaretten qualmte wie ein Kamin. Endlich kam er mit seinem hellblauen VW Käfer angefahren und betrat mit einer schweren Ledertasche unser Haus. Er besah sich meine vom Fieber hingestreckten und gefleckten Geschwister, brummte und packte dann eine silbrig glänzende Blechdose aus, in welcher sich eine riesige Glasspritze mit Messskala und dicker Nadel befand. „Auskochen", befahl er meiner Mutter. Als dies geschehen war, stach er durch den Gummiring in ein durchsichtiges Glasfläschchen und zog eine klare Flüssigkeit auf. Diese spritzte er dann in ein zweites Fläschchen, in dem sich ein weißes Pulver befand, schüttelte es und sog dann die nun trüb gewordene Flüssigkeit erneut in die Spritze. Dann injizierte er den Inhalt der Reihe nach meinen kranken Geschwistern. Natürlich musste Mutter zwischen diesen Prozeduren die Spritze immer wieder auskochen. Meine Geschwister waren zu krank, um vor dem Arzt und seinem Glasungetüm Angst zu haben. „Wenn das Fieber wieder über 40 Grad Celsius steigt, nochmals spritzen", brummte er und kramte weitere Glasfläschchen und Pülverchen aus seiner Arzttasche. Außerdem ein größeres, dunkelbraunes, bauchiges mit dunkler Flüssigkeit gefülltes Gefäß. Mutter dankte respektvoll, und Vater bezahlte schweren Herzens für den Hausbesuch. Dann rumpelte der Doktor wieder in seinem hellblauen VW Käfer davon.

Das Fieber stieg wieder, und Vater musste die Hebamme holen, die als Einzige im Dorf meinen Geschwistern eine Spritze setzen konnte. Was denn mit dieser dunklen Flüssigkeit in dem bauchigen Fläschchen sei, fragte Mutter. Die Hebamme blickte ziemlich ratlos. Sie schraubte das Fläschchen auf, roch daran und betrachtete den Schraubverschluss, an dem ein kleines Pinselchen angebracht war. Und ganz plötzlich schien ihr der Geistesblitz ins Hirn zu schießen. „Wir sollten damit die am schlimmsten vom Ausschlag befallenen Stellen bepinseln", meinte sie und zog meinem Bruder die Unterhose herunter. Ich habe erst sehr viel später in einem Dokumentarfilm Paviane in der afrikanischen Savanne gesehen. Wirklich, sein Hintern sah aus wie der eines Pavians, nämlich feuerrot. Die Hintern meiner anderen Geschwister sahen nicht besser aus. Also pinselten wir. Die Hinterteile nahmen nun zwar eine weit dunklere Farbe an, aber gewirkt hat die Pinselei nicht besonders.

Vater hat später, natürlich um Geld zu sparen, einige übrig gebliebene Injektionen beim Arzt zurückgegeben. Bei dieser Gelegenheit hat er gefragt, zu was denn die dunkle Flüssigkeit nun wirklich nützlich sei. Der Mediziner hat daraufhin trocken gesagt: „Zum Bepinseln der entzündeten Rachen." Da schluckte Vater betroffen und ging nach Hause.

Übrigens, als meine Geschwister aus dem Gröbsten heraus waren, hat der Scharlach mich voll erwischt. Und ich hatte schon geglaubt, ungeschoren davonzukommen.

Ein Arzt wurde also nur in Ausnahmefällen gerufen. Schrammen und Beulen, größere und kleinere Verletzungen und Schnitte, die heute sofort genäht würden, waren damals kaum der Rede wert. Ein bisschen ernster war es schon, als Anton außerhalb der Friedhofsmauer ein paar Meter weit über einen Felsen hinunter ins Feld gestürzt ist. Unterhalb dieser Mauer gab es nämlich viel zu entdecken, weil die Leute damals ihre Grababfälle, die ausgedienten Kränze und sonst allerhand interessante Sachen hinuntergeworfen haben. Antons Absturz hatte eine beachtlich blutende Schramme und ein Loch im Kopf zur Folge. Mutter hat die Wunde mit Arnikaschnaps betupft und einen Verband draufgemacht. Ich kann heute noch Antons schmerzverzerrtes Gesicht sehen. Er musste ein paar Tage ruhig liegen bleiben, weil ihm so schwindelig war und er Kopfschmerzen hatte.

Ernster war die Sache schon, als unsere Magd die Diphtherie, eine sehr ansteckende Infektionskrankheit, bekam. Wir waren alle noch sehr klein. Vater und Mutter machten sehr ernste Gesichter und sagten, wir alle müssten für sechs Wochen „isoliert" werden. Sie bläuten uns schärfstens ein, nie in die Mägdekammer zu gehen oder mit einem anderen Menschen in Kontakt zu treten. Die Sache mit der Diphtherie sprach sich übrigens schnell herum, und sogar die Kirchleute machten einen großen Bogen um unser Haus, nicht einmal unser

Labl benutzen sie mehr. Wahrscheinlich sind sie in dieser Zeit zum Verrichten der Notdurft in die oberhalb unseres Hauses gelegene *Dreckzaine* gegangen. Auf jeden Fall lagen später in diesem von Eschen, Mauern und Stauden begrenzten Hohlweg überall Exkremente herum. Deshalb der Name.

In dieser Quarantänezeit kamen wir das erste Mal mit dem gefürchteten Doktor in Kontakt. Vater fing uns der Reihe nach ein, und der Arzt verpasste uns eine Spritze. Ich hatte gewaltige Angst und spüre den Stich der Spritze heute noch. Robert, so erinnere ich mich, bekam es noch mehr mit der Angst zu tun als ich. Er hatte offensichtlich solche Panik, dass er sich in der Knechtekammer einschloss und den hölzernen Riegel vorschob. Der Doktor wartete ungeduldig mit seiner Spritze, doch Robert machte einfach nicht auf, mochte Vater noch so sehr drohen und betteln. Schließlich stieg Vater über den Marillenbaum an der Hausmauer hinauf und drückte das Fenster zur Knechtekammer ein. So entkam auch der heulende Robert der Spritze des Gemeindearztes nicht.

Die „Figaro" und eine praktische Erfindung

Eine große Erleichterung für die Feldarbeit, aber auch viel Ärger brachte die riesige Mähmaschine, welche Vater Ende der 1960er Jahre kaufte, mit sich. Ich erinnere mich gut, es war eine italienische „Figaro", ein eisernes Ungetüm, das, wahrscheinlich für die italienische Poebene konstruiert und gebaut, sich durch Vaters Kauf in die Tiroler Berge verirrte. Bis dieser sie richtig in den Griff bekam, dauerte lange. Sie war viel zu schnell und zu groß für die kargen Felder, aus denen nicht selten Steine herausschauten, welche die Klingen aus dem Mähmesser rissen, die Zähne verbogen und die Messer ruinierten.

Die erste Bewährungsprobe bestand die „Figaro" nicht. Im Dorf hatte sich herumgesprochen, dass Vater eine Mähmaschine gekauft hatte. Das Körba-Niggile, der Mesner, welcher gerade so viel Feld hatte, dass er zwei Ziegen über den Winter bringen konnte, traf einmal Vater und bat ihn, er möge ihm doch, bitte schön (!), sein „Fleckl", sein kleines Feld, mit der Mähmaschine niedermähen. Er habe es im Kreuz, und das Mähen sei ihm zur Plage geworden. Gesagt, getan! Bald lag das Gras niedergestreckt da. Doch das Ergebnis war wenig erfreulich, ja geradezu niederschmetternd, als das Niggile begann, das Gras zusammenzurechen. Überall standen noch die Grasbüschel in die Höhe, die „Figaro" war einfach darüber hinweggerauscht. Das Niggile kraulte skeptisch seinen Bart und sagte listig zu meinem Vater: „Na, na, dazu hätte es keine Mähmaschine gebraucht, so schön mähe ich noch mit meinen 82 Jahren." Das nagte natürlich gewaltig an Vaters Stolz und Selbstbewusstsein. Später fand er heraus, dass er wohl das Messer im Mähbalken nicht richtig befestigt hatte. Aber er hatte noch lange unter dem Gespött und Gerede der Dorfbewohner zu leiden.

Vater fluchte und haderte oft mit seiner „Figaro", obwohl er sonst ein sehr geduldiger Mensch war, und er raufte sich die Haare, bis er fast keine mehr auf dem Kopf hatte. Er musste laufen wie ein Hund, denn die Maschine war auch im ersten Gang noch viel zu schnell für die steilen Wiesen. Sie war besonders beim Wenden kaum zu bändigen. Doch die Maschine bedeutete auch einen großen Fortschritt, denn sie war vielseitig einsetzbar. Und als wir etwas größer waren, wurde zu unserer Freude der „Häza" nicht mehr angestellt. Vater war auf die Idee gekommen, das Ungetüm, also die Mähmaschine, auch als „Zugpferd" einzusetzen. Er ließ vom Franz, dem Mechaniker-Zahnarzt, einen Bügel an der Maschine anbringen, in den man einen flachen Holzschlitten einhängen konnte. Dieser konnte nun mit vielen Dingen beladen werden. Mit Heu, Holz und Roggengarben zum Beispiel.

Ein Hindernis war stets die Straße, welche man überqueren musste, um auf den Stadel zu gelangen. Das Problem waren nicht die noch sehr, sehr selten fahrenden Autos, sondern der Holzschlitten, der, nachdem die Straße überquert war, vor der ansteigenden Stadelbrücke immer wieder stecken blieb. Die Räder der „Figaro" wühlten die noch ungeteerte Straße auf und schliffen. Sie bockte wie ein wild gewordener Stier und brachte Vater manchmal an den Rand der Verzweiflung, bis er auf die Idee kam, eine Rampe zu betonieren.

Überhaupt war Vater ein erfinderischer Mensch, der immer danach trachtete, uns Kindern und sich selbst die Arbeit zu erleichtern. Ein großes Feldstück befand sich ein paar Kilometer weit entfernt von unserem Hof unten am Bach. Das Heu musste in der *Heuschupfe* im „Anger" zwischengelagert werden, auch weil es auf dem Stadel unseres Hofes nicht Platz gehabt hätte. Eine Weile konnte man das Heu durch die Türe der Hütte hineinbefördern. Aber dann musste man auf dem steilen Dach eine Luke öffnen und das Heu Gabel für Gabel über eine lange Leiter hinaufbefördern. Dann endlich konnten wir es hineinfallen lassen. So wurde die *Schupfe* bis an das Dach mit Heu gefüllt. Diese beschwerliche und auch gefährliche Arbeit muss Vater in Gedanken lange beschäftigt haben, denn eines Nachts träumte er, im wahrsten Sinne des Wortes, die Lösung des Problems, wie er uns am Morgen danach stolz erzählte.

Gleich am nächsten Tag schritt er zur Umsetzung seines Traumes. Zwei lange Stangen bildeten eine schiefe Ebene. Oben in der offenen Luke hängte er am dicken Dachmittelbalken der Hütte eine Umlenkrolle auf. Ein langes Seil wurde um die Umlenkrolle gelegt. Ein Ende befestigte er am Bügel der knatternden startbereiten „Figaro", das andere an einem großen Heubündel. Nach einigen Versuchen – die schiefe Ebene musste Vater noch etwas schiefer legen, indem er längere Stangen nahm – schwebten die Heubündel mühe- und beinahe schwerelos in die Höhe und verschwanden nach und nach im Bauch der *Heuschupfe*.

Das „Königreich Mauretanien"

Neben der vielen Arbeit gab es auch freie, unbeschwerte Tage, an denen wir Kinder ungehindert spielen durften und frei von jeder Verpflichtung waren. An Sonntagen, nach der Messe, hatten wir natürlich sowieso frei. Unser Lieblingsplatz war ein von der Straße nicht einsehbarer Ort nahe der *Brechlhütte*, in der die Gerätschaften zur Bearbeitung des Flachses untergebracht waren. Diese wurden schon damals nicht mehr gebraucht. Da stand auch das Bienenhaus, verborgen hinter einer von Eschen bewachsenen großen *Schüttmauer*. Diese war im Laufe der Zeit von Generationen von Bauern zusammengetragen worden, wenn wieder einmal eine Mure, die das unruhige Berger Bachl mitgebracht hat, die Felder verschüttet und verwüstet hatte. Diese *Schüttmauer* wurde zu unserem Abenteuerspielplatz, nachdem wir auf die Idee gekommen waren, dort ein ganzes Bauerndorf anzulegen.

Den oberen Teil der *Schüttmauer* nahm eine riesige Trümmerlandschaft aus zerborstenen, riesigen Steinen ein, die anders aussahen als die weit kleineren Granitsteine des unteren Teiles der Mauer. Diese Steine mussten von der *Schattseite* gekommen, auf den Feldern gesprengt und auf der Schüttmauer zusammengetragen worden sein. In unserer Vorstellung ragten dort die Alpen und die Dolomiten auf.

Wir schütteten kleine Felder mit Erde auf, welche wir uns von einem Acker holten. Sehr zum Missfallen des Vaters, den die gute Erde reute, denn viel davon verschwand zwischen den Steinen. Wir bauten Hütten und Ställe, in die wir Fichtenzapfen legten, größere und kleinere, in Reih und Glied. Das waren die Kühe und Kälber. Wir bauten Bauernhöfe, Kapellen, Kirchen und Almhütten. Sogar eine Apotheke, reich mit kleinen Fläschchen und bunten Zaubertränken aus allerlei Pflanzen- und Fruchtsäften ausgestattet, richteten wir ein. Wir legten einen Kartoffelacker an, ebenso Kornfelder und Rübenäcker.

Sogar Antons etwas verrückte Idee verwirklichten wir. Er hatte vorgeschlagen, dass ein Bauerndorf auch über eine Gemeinschaftstoilette, ein *Labl*, verfügen müsste, wenn alles realistisch sein sollte. Doch diese Neuerung, verwirklicht in der äußersten Ecke der *Schüttmauer*, brachte so viel Gestank und auch Fliegenschwärme mit sich, dass wir nach einer Probezeit beschlossen, lieber darauf zu verzichten.

Robert spielte natürlich den Bauern des Reiches im Kleinformat, Franziska war die Bäuerin, ich, Anton und Klaus die Dienstboten. Selbstverständlich mussten wir den Befehlen Roberts gehorchen.

Doch mit der Zeit war es langweilig geworden, immer nur zu gehorchen, und es regte sich Widerstand unter uns „Dienstboten". Schließlich kam es zur Rebellion der Dienstboten, welche von mir angezettelt worden war und bei der auch Fäuste und Steine flogen. Der Aufstand endete damit, dass wir „Dienstboten" das Kommando über das Reich übernahmen, nachdem wir das Bauernpaar vertrieben hatten. Nach den Tagen des Aufruhrs herrschte bald wieder Frieden, nachdem unter meiner Regie eine weitgehend demokratische Gesellschaftsordnung eingeführt worden war.

Stolz erfüllte uns Kinder, als das kinderlose Ehepaar, die Nachbarn, zu Besuch auf eine Besichtigungstour in unser Bauerndorf kamen. Ich begrüßte sie, wie ich fand, sehr gewandt und höflich. Ich hatte zudem die Rolle des Pfarrers und des Predigers im „Königreich Mauretanien" übernommen. Das Ehepaar spielte, trotz der Gehbehinderung der Frau, wunderbar mit und folgte mir tapfer über das Wegenetz des Dorfes, das über die *Schüttmauer* führte. Ich präsentierte stolz die Äcker, die Wiesen, die Ställe und die verschiedenen Bauwerke des Dorfes und erklärte, welches Paradies wir da erschaffen hatten. Die Bedürfnisanstalt hatten wir zum Glück inzwischen aufgelassen, wie wir im Nachhinein erleichtert feststellten.

Unsere Gäste kamen aus dem Staunen nicht mehr heraus. Sie waren so schwer beeindruckt, auf jeden Fall taten sie so, dass sie sofort versprachen, das Dorf bald wieder mit ihrem Besuch zu beehren. Und das taten sie auch wirklich bald darauf wieder.

Während eines heißen Sommers kam ich auf die grandiose Idee, am Fuße „Mauretaniens" ein Badehaus einzurichten. Die Inspiration muss wohl aus dem Radio gekommen sein, welches schon damals in der Stube stand. Der Vorschlag fand allgemeine Zustimmung, nachdem ich erklärt hatte, was es damit auf sich hatte. In der Nähe des eingefallenen *Brechlloches*, in dem man früher, das ist noch nicht allzu lange her, die Flachspflanzen vor dem Brechen über dem Feuer geröstet hatte, stellten wir den großen Holzzuber auf und füllten ihn mit Wasser. Dieses mussten wir vom Trog, der neben der Straße stand, in Kannen herbeischleppen. Nachdem wir einige Tage gewartet und Wasser nachgefüllt hatten, das Wasser war eiskalt, und der Zuber hielt nicht besonders dicht, kam der Tag der Wahrheit. Ich erklärte abenteuerlustig, dass man sich zum Baden ausziehen müsse, was dann auch, wenn auch etwas zaghaft, geschah. Zuerst hatten wir etwas beschämt geguckt: Die Buben hatten sich gefragt, warum die Mädchen nichts zwischen den Beinen hätten. Den Mädchen ging es genau umgekehrt: Sie fragten sich, was wohl die Buben da zwischen den Beinen hätten. Doch das war nun mal so, und ahnungslos, wie wir waren, wunderten wir uns nicht mehr länger darüber und nahmen alles als gottgegeben hin. Wir sprangen ins Wasser oder warfen einander hinein. Wir tobten herum und ließen uns von der Sonne trocknen. Es waren unbeschwerte Tage, an denen die Zeit stillzustehen schien.

Ob die Eltern das Badespektakel gesehen haben, wussten wir nicht, auf jeden Fall unternahmen sie nichts dagegen. Nur einmal kam mir der Gedanke an den Pfarrer, und was wohl geschehen wäre, wenn er uns nackt herumlaufen gesehen hätte. Man dürfe sich niemals nackt vor anderen zeigen, also Unkeusches tun, hatte der Pfarrer einmal im Religionsunterricht gesagt. Lieber nicht daran denken. In diesem Sommer vergaß ich den strengen, jähzornigen Pfarrer. Ich hatte auch nicht vor, ihm die schwere Sünde zu beichten, obwohl man damals meinte, alles beichten zu müssen, was Spaß machte.

Der Platz war wunderbar abgeschirmt. Gegen die Straße hin türmte sich das „Königreich Mauretanien" auf, und von unten versperrten das Bienenhaus und die *Brechlhütte* die Sicht. Oben stand ein alter Kirschbaum, der selten eine Kirsche trug, obwohl ihn Vater fleißig mit Kupfervitriol gegen Insektenbefall spritzte und beschnitt. Gegen Westen hin lag der eschenbestandene Graben, durch den das Berger Bachl floss. Sorgenlose Tage. Aber auch diese Tage verrannen und verblassten in unserer Erinnerung.

Das Paradies „Mauretanien" blieb noch für einige Jahre erhalten, bis Robert und Franziska, unerklärlich für uns Jüngere, plötzlich jegliches Interesse an dem Land der Träume verloren und es verließen. Ich vermutete, sie hätten es vielleicht nicht verkraftet, dass sie nicht mehr Bauer und Bäuerin spielen durften.

Erst viel später erfuhr ich, dass es das Land unserer kindlichen Träume, „Mauretanien", wirklich gibt, im Norden Afrikas.

Heute sind die *Schüttmauern* alle verschwunden. Das „Königreich Mauretanien" ist untergegangen. Weggebaggert, planiert, eingeebnet!

# Kirchtag!

Heute würde kein Kind mehr hingehen, aber damals erschien es uns wie ein Gang ins Schlaraffenland. Auf zum *Kischta*, zum Kirchtag auf die *Sunnsate*. Unsere Tante, die Sunnsat-Moidl, Vaters Schwester, lud uns Kinder jedes Jahr zum Kirchtagessen ein. Wir freuten uns darauf fast so sehr wie auf Weihnachten. Einmal sind wir viel zu früh hingekommen, wir konnten es einfach nicht mehr erwarten. Wir waren natürlich die Ersten. Die Küche war noch kalt, aber die Moidl hat uns *Krapfen* und Aranciata vorgesetzt, sodass sich die Zeit bis zum Mittagessen leicht überbrücken ließ.

Endlich waren alle Gäste eingetroffen, und dann ging es erst richtig los. Toll war, dass wir nicht am langweiligen Erwachsenentisch sitzen mussten. Nein, wir Kinder saßen an einem eigenen Tisch, wir waren also unter uns. Alle Köstlichkeiten, die man sich damals vorstellen konnte, wurden aufgetragen: Nudelsuppe mit Würstchen, Schweinebraten mit Knödeln oder Reis, Salat, Kraut und zum Schluss „sießa Maislan", ein Germteiggebäck, das mit heißer Marmeladensoße übergossen wurde. Ein Festessen. Wir haben immer reingehauen, was das Zeug hielt. Mein Bruder Robert hat einmal so viel gegessen, dass er anschließend brechen musste und noch wochenlang an einem verdorbenen Magen litt.

Eine staubige Arbeit und die Forelle im Mehl

Noch in den 1960er Jahren bauten wir Roggen und manchmal auch ein wenig Gerste an, und das war eine ziemlich aufwendige Arbeit. Ein Acker musste hergerichtet werden, das hieß, er musste zuerst gedüngt und gepflügt werden. Als einziges Hilfsmittel hatten wir eine Seilwinde zur Verfügung, mit der wir den Mist ausbrachten und die überschüssige Erde in einem dreirädrigen Karren nach oben beförderten. Den Pflug zog ebenfalls die Seilwinde. Dann musste noch geeggt werden, und die größeren Erdschollen zerkleinerten wir mit einer Haue.

Schließlich erfolgte die Aussaat. Vater schritt, natürlich achtete er auf den richtigen Mond und die richtigen Mondzeichen, mit einem umgehängten hölzernen *Sä-Schaff* über den Acker und streute mit gleichmäßigen Schwüngen die Roggenkörner aus.

Nachdem der Roggen aufgegangen war, musste im Frühsommer gejätet, also das Unkraut ausgezupft werden. Wenn das Wetter schön gewesen war, stand im Hochsommer der Roggen reif und noch ziemlich aufrecht da. Wenn der Sommer hingegen nass, kalt und windig gewesen war, lagen die Halme und Ähren unausgereift auf dem Boden, und manchmal begannen die Körner, schon auszutreiben. Dann war nur noch wenig zu retten, und die ganze Arbeit war fast umsonst gewesen. So oder so mussten die Roggenhalme dann mit der Sense geschnitten und zu Garben gebunden werden. Diese wurden dann auf dem Acker in langen Reihen *gstiflt*, die Garben also zu Männchen zusammengeschichtet und getrocknet. Anschließend mussten wir die Garben auf den Stadel bringen, wo sie schließlich mit der Dreschmaschine, dem *Muddla*, wie wir sie nannten, gedroschen wurden.

Wenn ich heute an dieses Dreschen zurückdenke, kommt mir erst in den Sinn, wie gefährlich die Arbeit gewesen ist. Der *Muddla* war ein rot gestrichenes, großteils hölzernes Ungetüm, das von einem Starkstrommotor angetrieben wurde und in dem sich, rasend schnell und lärmend, eine gezähnte Stahlwalze drehte. Ich sah ihn immer wie einen gewalttätigen, gefräßigen und unersättlichen Drachen, wenn die Roggengarben im Maul verschwanden. Der *Muddla* erzeugte einen höllischen Lärm und wahnsinnig viel Dreck und Staub. Strohfasern und Getreidekörner flogen überall herum. Wenn man zu viel Stroh einer Garbe auf einmal in den Schlund dieser Höllenmaschine beförderte, blockierte die Walze, die Keilriemen drehten durch und begannen zu rauchen. Und wehe, in einer Garbe verbarg sich ein Stein. Dann krachte es furchtbar, und die zerrissenen Steinsplitter flogen wie Geschosse herum. Ich kann mich daran erinnern, welch großes Glück wir Buben ein paar Mal hatten, als die Stücke eines Steines durch den Stadel sirrten. Natürlich kam niemand in den Sinn, eine Schutzbrille zu tragen. Wie hätten wir auch daraufkommen sollen? Wir hatten ganz einfach keine.

Das ausgedroschene Stroh beförderten wir dann mit einer Gabel in die *Strohdiele*. Auf dem Tennenboden blieb das noch ungereinigte Korn zurück, welches wir mit einem umgedrehten Holzrechen zu einem Haufen zusammenschoben.

Wenn endlich fertig gedroschen war, schlossen wir die *Windmihle* mit einem Keilriemen an den Elektromotor an. Die Windmühle war eine hölzerne Maschine mit einem Trichter obenauf. Im Bauch der Mühle drehte sich ein Flatterrad, welches einen ordentlichen Luftstrom erzeugte. Wenn man das ungereinigte Getreide in den Trichter schüttete, rieselten die Körner und die Spreu langsam durch den Luftstrom, und Spreu und Dreck flogen in weitem Bogen davon. Nur durfte sich das Flatterrad nicht zu schnell drehen, denn sonst flog auch ein Teil des Roggens mit der Spreu weg. Natürlich war auch dieses *Oumochn* eine verdammt staubige Angelegenheit. Wir sahen dann immer aus wie die Mohren und husteten uns danach noch tagelang den Dreck und den Staub aus den Lungen.

Den gereinigten Roggen bewahrte Vater in einer großen, schweren Korntruhe mit drei Kammern auf dem Dachboden auf.

Wir backten damals noch drei-, viermal im Jahr Brot, im eigenen Backofen, der neben der Straße und unserem Garten stand. Noch heute sehe ich die knisternden Flammen und den Rauch aus dem Ofen schlagen, wenn er vorgeheizt wurde. Nachdem das Holz abgebrannt war, wurde die noch glühende Kohle mit dem *Öfnkrickl* aus dem Backofen befördert. Dann wurde der Boden des Ofens mit der *Öfnzüisse*, einem auf einer langen Stange befestigten, nassen Putzlappen, grob gesäubert. Anschließend wurden die aufgegangenen Brotlaibe schnell in den Ofen „eingeschossen". Die Hitze reichte für zwei Backgänge. Das wunderbar duftende Roggenbrot musste dann für drei, vier Monate reichen. Geschmeckt hat es gut. Unser guter Backofen fiel später leider einer Straßenverbreiterung zum Opfer.

Wir hatten mit dem Nachbarsbauern gemeinsam eine Mühle am *Bärentalbach*. Immer, bevor wir Brot gebacken haben, schritt Vater mit einem hölzernen *Stibich*, einem Rückentragebehälter, voller Roggen zur Mühle. Wir Buben gingen immer gerne zum Mahlen mit, denn wir wollten sehen, wie er das Wasser durch den *Nüisch*, eine Holzrinne, auf das Mühlrad leitete und wie es sich dann klappernd drehte. Dann schüttete er das Korn oben in den Trichter, in die *Gosse* der Mühle. Mit ein paar Handgriffen setzte Vater das Mahlwerk in Gang. Der Trichter wurde ständig leicht gerüttelt, und die Körner rieselten gleichmäßig zwischen die Mühlsteine, wo sie zu Mehl zerrieben wurden. Dieses sammelte sich dann in der Mehlkiste, die Kleie daneben in einem anderen Fach. Ich kann mich noch gut an den stumpfen Geruch des Mehlstaubs erinnern und wie Vater das Mehl in den *Stibich* geschöpft hat. Danach sind wir wieder zufrieden nach Hause gegangen.

Einmal hat Robert während eines Mahlganges mit der Hand im Bach eine Forelle gefangen. Bis zu den Knien stand er im eiskalten Wasser und lauerte mit griffbereiten Händen. Ich stand am Ufer dicht am Bach und musste „treten". Das hieß, ich musste mit meinen Schuhen die direkt am Bach liegenden, manchmal leicht überhängenden Rasenstücke mit meinen Füßen bearbeiten und bewegen. Das sollte die eventuell darunter verborgenen Forellen aufschrecken und sie in die Flucht treiben. Wir hatten mit dieser Taktik tatsächlich ein paar Mal Erfolg. Nur vom Fischaufseher durften wir uns nicht erwischen lassen. Auch an diesem Tag schoss eine Forelle hervor, und Robert bekam sie tatsächlich mit beiden Händen zu fassen. Er hat sie dann, lebendig, wie sie noch war, und natürlich ohne, dass es Vater bemerkte, in den *Stibich* gesteckt, mitten ins Mehl hinein. Als wir nach etwa zwanzig Minuten zu Hause waren, hat Robert die Forelle heimlich wieder aus dem Mehl geholt. Schneeweiß und leblos lag sie da. Robert hat sie, probehalber sozusagen, in den Brunnentrog geworfen, wo sie zuerst leblos und in einer Wolke von aufgelöstem Mehlstaub zu Boden sank. Dann aber, es war fast ein Wunder, erwachte sie plötzlich zum Leben, und schoss wie verrückt im Trog hin und her. Doch das hat ihr auch nichts mehr genützt. Wir haben der Forelle den Garaus gemacht, und natürlich ist sie in unserer Bratpfanne gelandet.

Almgeschichten

Anfang Juni trieben wir immer das Vieh auf unsere Alm. Sie liegt nicht sehr weit vom Dorf entfernt, anderthalb Stunden Fußmarsch vielleicht. Allerdings, die Schweine und sogar die Gänse, die noch vor meiner Zeit mitgetrieben wurden, ich war damals noch ein Kleinkind, brauchten wesentlich länger. Doch dazu später. Die Alm hatte Vater in den 1930er Jahren gekauft, als einige Bauern während der Zeit des Faschismus in große wirtschaftliche Schwierigkeiten geraten waren. Vater war schon immer geschäftstüchtig gewesen. Allerdings musste er damals, damit er die Alm kaufen konnte, viel Holz in unserem Wald hacken und verkaufen.

Damals versorgte ein jähzorniger Pensionist unsere Alm. Er ging immer sehr grob mit dem Vieh um, und schlug es auch. Vater brauchte zu Hause immer nur ein wenig zu pfeifen, und schon kamen die Tiere zutraulich angelaufen und fraßen ihm aus der Hand. „Wie jemand mit Tieren umgeht, so geht er auch mit Menschen um. Wenn du jemand schlägst, sei es Mensch oder Vieh, tust du dir selber am meisten weh. Und das ist nicht gut für dich, glaub mir das, mein Junge." Das hat er einmal zu mir gesagt, und ich habe es mir gemerkt.

Doch so einfach, von einem Tag auf den anderen, durfte man das Vieh nicht auf die Alm treiben. Das wäre für die Kühe viel zu anstrengend und gefährlich gewesen. Heute würde man dazu sagen, die Tiere mussten „trainiert", damals sagte man, das Vieh musste *untotriebm* werden. Dieses *Untotreibm* ging schon im Mai einige Wochen vor dem Almauftrieb los. Vater ließ dann das Vieh von der Kette, und ich kann mich noch gut daran erinnern, wie die Tiere nach dem langen Winter im Stall übermütig losstürmten und auf den Feldern herumtollten. Bis die Tiere sich wieder beruhigten, dauerte. In einer Reihe trieben wir sie dann durch den steinigen *Groubm*, den mit Eschen und Stauden bewachsenen Graben, hinauf. Die älteren Kühe, die den Weg schon kannten, gingen voraus, die jüngeren Tiere mussten folgen. Von oben ging es wieder herunter. Wer gut und sicher gehen will, muss eben trainieren. So ging das fünf-, sechsmal, bevor es dann wirklich auf die Alm ging.

Vater holte am Vorabend immer den Pfarrer, der die Tiere segnete und mit Weihwasser besprengte. Er bekam auch seinen Lohn dafür, meistens ein Stück Butter, Speck oder einige Brote. Dann konnte nichts mehr schiefgehen. Auf den Tag des Almauftriebs achtete Vater ganz genau. Es durfte niemals ein Dienstag oder ein Donnerstag sein, das waren nämlich die *Schwendtouge*. Vater glaubte fest daran, dass die *Schwendtouge* sehr gefährliche Tage waren, die von unheimlichen Mächten beherrscht wurden. An Dienstagen und Donnerstagen durften bestimmte Arbeiten nicht verrichtet oder gar das Vieh auf die Alm getrieben werden. „Das würde bestimmt nur viel Unglück bringen", hat Vater immer beteuert. Einmal, so hat Vater erzählt, sei man an einem Donnerstag auf die Alm gefahren, und dann seien während des Sommers zwei Kühe von herabbrechenden Steinen heruntergeschlagen worden. Strafe muss sein!

Anfang bis Mitte Juni ging es los. Die älteren Kühe wurden vorangetrieben, die Leitkuh ging zuerst. Sie trug als Einzige eine kleine Glocke. Meist ging Vater voraus, aber die Kühe hätten wahrscheinlich auch alleine den Weg auf die Alm gefunden. Ich sehe ihn noch heute, auf einen *Zintstecken* gestützt und mit einem voll mit Lebensmitteln und Salz beladenen Rückenkorb pfeifend, losmarschieren. Dann folgten die jüngeren Tiere.

Die Nachhut bildeten zwei Schweine, die auch auf die Alm hinauf mussten. Ich habe das allerdings nur noch zweimal erlebt. Zum Glück, denn als Jüngster wurde ich mit dem Amt des Schweinetreibers betraut. Und schon beim ersten Mal, ich war wahrscheinlich sechs, sieben Jahre alt, begriff ich, warum ich dazu verdonnert worden war. Welche Geduld es dazu brauchte. Am Anfang ging es ja noch, aber es dauerte nicht lange, bis die Schweine müde wurden. Während ich zwei Schritte machte, mussten sie auf ihren kurzen Beinchen acht Schritte machen. Aber nicht nur das. Die Schweine waren meistens sehr undiszipliniert. Sie scherten sich den sprichwörtlichen Dreck um den Treiber, wühlten ständig mit der Schnauze in der Erde, wollten umkehren, legten sich hin, wälzten sich oder wollten ganz einfach, trotz des Einsatzes einer Rute, nicht mehr weiter. Die Kühe waren längst schon unseren Blicken entschwunden. Nach drei, vier Stunden elenden Ruteneinsatzes – ich wusste mir einfach nicht mehr anders zu helfen, und jedes Mal löste das ein herzzerreißendes Heulen und Quieken der Schweine aus – kam ich endlich oben an. Ich war sicher noch müder als die Tiere. Ich wollte schon lamentieren und schimpfen. Da empfing mich mein ältester Bruder Robert spöttisch lachend und meinte, das sei doch gar nichts, ihm sei einmal ein Schwein an Hitzschlag gestorben. Er habe es mit seinem Taschenmesser notschlachten müssen. „Hättest du das geschafft?", fragte er mich grinsend. Nein, das hätte ich niemals gemacht! Es reichte mir schon, dass ich immer die Schweine an einem Seil festhalten musste, wenn sie geschlachtet wurden.

Außerdem erzählte mein Bruder, er habe vor einigen Jahren noch vier Gänse mittreiben müssen. Als er oben auf dem Scheuchenberg war, auf einer Bergwiese, die heute total zugewachsen ist, breiteten plötzlich die Gänse ihre Flügel aus, flatterten auf, erhoben sich in die Lüfte und schwebten wieder zu Tal. Später habe er sie, immer zwei auf einmal, in einem Buckelkorb wieder heraufragen müssen. „Und verdammt schwer sind sie gewesen. Eine wog sicher sieben, acht Kilogramm, das kannst du mir glauben." Da schwieg ich dann lieber.

Bei jedem Gang auf die Alm mussten wir Essen und Futtermittel mitschleppen, mit sieben, acht Jahren schon. Auf dem Rückweg trugen wir Butterknollen und die Graukäselaibe. Heute ist die Alm durch einen Forstweg erschlossen.

Mähen lernten wir schon als junge Buben. Vater richtete uns eine kleine Sense her, die er in regelmäßigen Abständen dengeln, schärfen musste, denn immer wieder fuhr sie in die Bodenunebenheiten und in die Steine und wurde stumpf, trotz eifrigen Wetzens. Tagelang stemmten wir uns in die steilen Hänge. Vater brauchte nur einmal am Tag zu dengeln, so geübt und geschickt war er im Umgang mit der Sense. Am Abend, nach der Versorgung des Viehs, fielen wir todmüde ins Heu und schliefen wie die Steine, trotz des eintönigen Läutens im Stall darunter, wenn die Kühe sich wiederkäuend bewegten und schnauften.

Gut erinnere ich mich noch daran, wie sparsam und ehrfürchtig wir mit dem Essen und den Lebensmitteln umzugehen lernten. Als ich einmal auf der Alm einen Essensrest in die „Schweinekanne" warf, erzählte mir Vater die Geschichte von den übermütigen Sennern aus dem Zillertal. Diese hätten aus Langeweile eine Holzpuppe geschnitzt und hätten ihr, welch ein Frevel, Essen eingeschöpft. Dabei hätten sie gelacht und sich lustig darüber gemacht. Plötzlich sei die Puppe zum Leben erwacht und habe mit klappernden Kiefern gierig nach dem Essen geschnappt. Aus der Puppe sei ein riesiges, schauriges Ungeheuer erwachsen. Am nächsten Tage habe man die Häute der drei toten geschundenen Frevler aufgespannt auf dem Hüttendach gefunden. Nur ein unschuldiger Junge hatte diese entsetzliche Nacht überlebt.

Diese, zugegeben, etwas drastische Geschichte wird immer Teil meiner Erinnerung sein. Sie fällt mir immer dann ein, wenn ich sehe, wie manche Menschen heute mit Lebensmitteln umgehen.

Bergmahd

Wenn wir auf der Alm das Heu unter Dach und Fach gebracht hatten, ging es bald darauf wieder hinauf zur *Bergmahd*, auf die gegenüberliegende Seite des Tales, auf die *Schattseite*. Wir besaßen früher auch eine Bergwiese im *Bärental*. Also eine zusätzliche, damals wichtige Fläche für die Gewinnung von Winterheu für das Vieh. Das *Bergmahd* war immer Anfang bis Mitte Juli und dauerte etwa zehn bis *vierzehn* Tage, je nach Witterung. Ich habe das noch einige Male miterlebt.

Wenn es losging, musste alles hinaufgetragen werden, was man so zum Leben brauchte – und das auf über 2400 Meter Meereshöhe. Decken, das Koch- und Essgeschirr, die wichtigsten Lebensmittel wie Mehl, Salz, Butter, Eier, Speck und Käse. Natürlich auch die Arbeitsgeräte, die Sensen, *Wetzsteinkümpfe*, Seile, die Rechen, Gabeln und Buckelkraxen. Ein paar Mal liehen wir uns für den Transport dieser Dinge den Motzile-Esel aus, den weitum bekannten und meist geduldigen Lastenträger des Motzilebauern. Manchmal konnte er aber auch verdammt eigensinnig sein und machte der Redensart vom störrischen Esel alle Ehre. Er nahm uns viel von der Last ab, aber das hieß noch lange nicht, dass wir leer gehen durften. Jeder von uns bekam noch genug zum Tragen.

Einmal trieben meine Geschwister Anton und Anna eine Ziege mit hinauf, die uns Milch liefern sollte. Sie hatten schon mehr als die Hälfte des Weges geschafft, als die Ziege sich plötzlich losriss und Reißaus nahm. Sie hatte die Herde des

Kuttengeißers gehört und erspäht – und weg war sie. Der *Kuttengeißer* war übrigens ein Junge aus dem Dorfe, der von den *Kleinhäuslern* beauftragt wurde, ihre Ziegen auf die *Fraktions*gründe und die Waldweiden zu treiben und sie abends wieder heil zurückzubringen. Unsere Ziege zog wohl die tierische Gesellschaft der unseren vor. Anton und Anna liefen ihr zwar hinterher, sie hatten aber keine Chance, sie wieder einzufangen.

Vater stieg meist schon einen Tag früher zur Bergwiese hinauf, um unser „Bettheu" zu mähen. Wir schliefen in der *Heuschupfe*, einer aus Rundhölzern grob *aufgeschroteten* Hütte. Vater war immer guter Dinge auf der *Bergmahd*, er sang und pfiff und fühlte sich offensichtlich wohl und frei. Das Leben da oben war ziemlich unbeschwert und die Stimmung gut, aber nur solange schönes Wetter war. Das ganze *Bärental* lag einem zu Füßen. Wir schwebten sozusagen über den Wolken, über den Dingen.

Neben der *Heuschupfe* stand eine winzige Kochhütte, in der sich eine Feuerstelle, eine kurze Holzbank und ein kleines, herabklappbares Tischchen befanden. Die Kochhütte war der einzige Rückzugsort, wenn es geregnet hat. Dann konnte das Leben da oben auch trist und einsam sein. Die Nebelfetzen hingen herunter, schränkten die Sicht ein und trübten die Stimmung. Nach ein, zwei Regentagen konnte es auch im Hochsommer sehr kalt sein und weit herunterschneien.

Gekocht wurde oft nur abends, und meist gab es Milchmus, Kasnocken, Polenta oder Pressknödel, selten Speckknödel. Zum Trinken gab es Milch und Wasser. Die Milch und auch das Wasser mussten wir Kinder von der etwa eine halbe

Stunde tiefer gelegenen *Bärentalalm* in einer Blechkanne mühsam hinauf zu unserer Hütte schleppen.

Vater und ich stemmten uns tagelang in die steilen Hänge und mähten, während meine jüngeren Geschwister die *Mahden* ausbreiteten und rechten. Ich hatte damals kein Auge für die Schönheiten der Natur – die Arnikablüten, welche die Hänge gelb überzogen, und die stark riechenden Brunellen, die ihre dunklen Köpfchen aus dem *Bürstling* reckten. Großblättriger Gelber Enzian blühte und das Orangerote Habichtskraut. Ganz oben am Bergkamm, zu dem wir fast hinaufmähten, wuchs sogar Edelweiß. Aber damals blieb wenig Platz für Romantik, denn wir mussten zusehen, dass unsere Sense nicht in die Bodenunebenheiten fuhr und dass wir nicht ausrutschten und abstürzten.

Genau das ist mir tatsächlich passiert. Ich rutschte weg, ganz plötzlich, und hatte keine Chance mehr, mich irgendwo zu halten. Ich konnte gerade noch die Sense von mir werfen, sodass ich nicht in sie hineinstürzte. Dann fiel ich über eine steile Rinne hinunter, über die ich hinaufgemäht hatte, mich zwei-, dreimal überschlagend. Meinen Geschwistern, die alles mit ansahen, stockte der Atem vor Schreck, wie sie mir später erzählt haben. Ich stürzte wohl an die 100 Meter weit und hatte unwahrscheinliches Glück. Ich erhob mich wieder, und mir war nichts weiter passiert. Nur der Nacken tat mir über längere Zeit verdammt weh.

Nein, bei der *Bergmahd* blieb wirklich keine Zeit, um die Schönheiten der Natur zu bewundern. Wenn wir abends todmüde ins duftende, aber kratzende Bergheu krochen, kam ebenfalls keine Romantik auf, sondern eher Heimweh nach Mutter und unserem richtigen Zuhause.

Wenn das Heu trocken war, mussten wir Kinder es herunterrechen. Vater schnürte mit langen Seilen große Heubündel zusammen und zog sie hinunter zur *Schupfe*. Mit der Gabel wurde dann das Heu hineinbefördert, solange es ging, dann wurde der Eingang mit kleinen Holzbalken verschlossen. Anschließend öffneten wir eine Dachluke und füllten die Hütte bis unter das Dach, sodass wir manchmal kaum noch einen Schlafplatz fanden. Beschwerlicher war die Heuernte unterhalb der *Schupfe*. Dann mussten wir das Heu auf Buckelkraxen laden und mühsam hinaufschleppen. Meistens errichteten wir neben der *Schupfe* noch eine *Driste*, einen Heuhaufen, den wir kunstvoll um eine aufgestellte Stange herum schichteten, und zwar so, dass das Regenwasser gut abrinnen konnte.

Im Winter wurde dann das Heu auf flachen Holzschlitten, den *Ferggln,* zu Tal gezogen. Eine sehr gefährliche Arbeit war das. Man musste ständig aufpassen, dass man auf dem steilen Weg nicht unter die *Heuburen* geriet. Wenn das Heu dann unten im Tal war, mussten wir die *Buren* noch mit der Seilwinde auf den Stadel heraufziehen. Alles war ein riesiger Aufwand, der betrieben wurde, damit Vater ein, zwei Kühe mehr über den Winter bringen konnte.

Beim Heuziehen halfen meistens ein paar Nachbarn mit. Meine Geschwister mussten immer mit dem großen Fernrohr, einem eisernen, schweren Ungetüm, das Vater im Jahre 1943 aus einem abgestürzten amerikanischen Flugzeug ausgebaut hatte, beobachten, wann die ersten *Heuburen* auf dem Ziehweg vom *Bärental* auftauchten. Das war das Signal für Mutter, die Gerstsuppe aufzuwärmen und die Krapfen bereitzustellen. Die Heuzieher brachten immer einen tüchtigen Hunger mit. Noch heute sehe ich, wie die Männer im Hausgang ihre mit Schneeklumpen bedeckten loden Schneestrümpfe auszogen und lachend in die Stube traten. Alle waren sichtlich heilfroh und erleichtert, dass das gefährliche Unternehmen gut ausgegangen war.

Mit der Zeit hat Vater eingesehen, dass die *Bergmahd* viel zu viel Arbeit mit sich brachte – und das alles für viel zu wenig Ertrag. Und so hat er Ende der 1960er Jahre damit aufgehört. In weiser Voraussicht hat er die Bergwiese mit dem *Bärentalbauern* um ein Stück Feld, das an unseren Hof grenzt, getauscht. Für beide war es kein schlechter Handel. Heute nutzt der *Bärentalbauer* die Bergwiese als Weide. Wir sind erst neulich wieder zu ihr hinaufgestiegen. Die einstmals schöne Wiese ist heute durch das Vieh zertrampelt, und die Hütten sind verfallen und verschwunden. Irgendwie sieht alles ziemlich traurig aus, aber bitte sage niemand „Oh wie schade" oder komme mit Bergbauernromantik!

The Rolling Stone

Ein großer, rollender Stein auf einem Abhang ist fast unmöglich wieder aufzuhalten, das weiß man. Das erzählt schon die Geschichte von dem griechischen Frevler und Steinwälzer Sisyphos.

Damals war Frühling, ein warmer Tag, und Mutter räumte ums Haus herum auf. Sie machte Ordnung, klaubte da und dort Steine auf, und beseitigte sonstige Spuren des langen Winters.

An der Bretterwand des Bienenhauses lehnte ein großer, breiter Schleifstein aus grauem Sandstein. Gewiss hatte er einen Durchmesser von einem Meter oder mehr, ich übertreibe da nicht. Warum er da lehnte, wusste niemand. Auf jeden Fall hatte er ausgedient und war durch einen elektrisch angetriebenen, wesentlich kleineren Schleifstein ersetzt worden. Vorher hatte er in einem großen Holzgestell gelegen und musste durch eine Handkurbel angetrieben werden. Beim Schleifen waren immer zwei Mann notwendig gewesen. Einer drehte die Handkurbel, um den Stein in Rotation zu versetzen, und der andere hielt die Messer, die Äxte und die Beile darauf, um sie zu schärfen. Nun lehnte er also einsam an der Bienenhütte und träumte in der warmen Frühlingssonne vor sich hin.

Bis ihn Mutter wieder zum Leben erweckte. Der Stein hatte sie wohl gestört, so wie er da lässig und untätig an der Bretterwand lehnte, und sie wollte ihn woanders hinrollen. Dabei unterschätzte sie die Schwere des Steines – und einmal in Bewegung, setzte das Gesetz der Schwerkraft ein. Und – da gab es kein Halten mehr! Man muss wissen, dass unser Hof auf dem Bühel, also an einer ziemlichen Steigung steht. Und so schlüpfte er Mutter aus den Händen, begann zu rollen und nahm immer mehr Fahrt auf. The Rolling Stone. Mutter war damals bestimmt nicht mehr zum Spaßen zumute und schrie verzweifelt um Hilfe. Aber zu spät!

Robert, der in der Nähe war, spurtete noch los und versuchte, den rollenden Stein aufzuhalten. Vergeblich. Schon hüpfte er über die Feldmauer und landete auf der Straße. Dort, auf dem harten Untergrund, nahm der Stein noch mehr Fahrt auf.

Verzweifelt sah Mutter, wie der graue Koloss auf das Nachbarhaus zuraste und dabei genau auf den Toreingang zielte. Nun schrie auch Robert und stieß Warnrufe aus. Aber, oh Wunder, beim Nachbarhaus legte sich das riesige Steingeschoss in eine leichte Kurve und rauschte am Haus vorbei, zielte nun aber genau auf den Laden der Ochna-Haus-Nanne. Mit Grausen sah Mutter, dass von der *Gisse* herein auch noch eines der damals selten fahrenden Autos auf die Steigung zukam. Auch das noch! Was tun? Gar nichts konnte man tun, außer schreien. Und beten. Nach der leichten Kurve entschwand der rollende Stein den Blicken der Mutter. Was, wenn vor dem Laden der Ochna-Haus-Nanne sich Leute aufhielten oder ein Auto stand? Was, wenn der Autofahrer nicht ausweichen konnte?

Dann kam auch schon der ohrenbetäubende Knall. Robert war dem rollenden Stein vergeblich nachgelaufen. Er sah es als Erster. Das Geschoss war eingeschlagen – in den Zaun der Ochna-Haus-Nanne. Hier steckte er nun zwischen den verbogenen Eisenstangen und war endlich zum Stillstand gekommen.

Der Zaun war hin, aber das war das Geringste, denn alles war noch einmal gut ausgegangen. An diesem Tag ist Mutter gewiss auch ein großer Stein vom Herzen gefallen. „Das war die längste Minute meines Lebens!", sagte Mutter und zahlte beim Pfarrer ein paar Messen, so froh war sie. Natürlich war der rollende Stein noch lange Dorfgespräch.

Wintergeschichten

Die Winter waren damals viel härter, kälter und voller Schnee, aber wahrscheinlich war das nur in der Erinnerung der Kinder so, denn Kinder sehen bekanntlich mit anderen Augen als Erwachsene. Aus der Perspektive eines Frosches sozusagen.

Die Straße, welche zur Kirche auf den Bühel hinaufführte, war jedenfalls monatelang immer mit Eis und Schnee bedeckt. Im Winter war sie nur noch eine schmale Rinne, welche der mit Rössern bespannte Schneepflug geöffnet hatte. Kein Auto störte in den 1960er Jahren den Winterfrieden. Autos kamen nur alle heiligen Zeiten, und die, die damals verkehrten, fuhren im Winter immer nur unten auf der Talsohle auf der Hauptstraße.

Schlitten fahren war im Winter der liebste Zeitvertreib der Kinder. Ihr Schlitten war damals ein niederes, grob zusammengezimmertes Holzbänklein, an dem unten zwei gebogene Kufen befestigt waren. Diese waren mit Eisenreifen beschlagen.

Ihr Vater verstand sich bestens darauf, in der dunklen *Machhütte* des Hofes Schlitten aus biegsamem Eschenholz zu bauen. Die *Machhütte* war eine dunkle Kammer, in welcher eine große Hobel- und Drehbank stand. Hier roch es ständig nach Leim und Hobelspänen, welche stets den Bretterboden bedeckten. An den Wänden hingen Hobel in allen Größen und Längen, Schnitzeisen, Stech- und Hohlbeitel, ein Winkelmaß, eine Spannsäge, Bohrwinden, Leimzwingen, Beile und Äxte, Schafscheren. Kurz, da lag und hing alles, was der Bauer zur Ausbesserung und Anfertigung der verschiedenen hölzernen Arbeitsgeräte brauchte. Da lagen Durchschläge, mit denen man die Zähne für die Holzrechen machte, und Reifeisen zum Schälen und Glätten der Holzstiele. Sogar einige große, gezähnte Holzräder hingen dort, wahrscheinlich als Ersatz für den Webstuhl, welcher auf dem Dachboden stand und schon damals, in den 1960er Jahren, nicht mehr gebraucht wurde. Schusterleisten in allen Größen und Formen und ein großes Bündel aus geflochtenen Lederseilen gab es auch. Früher waren Weber und Schuster auf die *Stör* gegangen und auf den Hof zur Arbeit gekommen.

Am Nachmittag versammelten sich die Kinder aus dem Dorf, wenn es das Wetter erlaubte, und zogen ihre Schlitten zur Kirche hinauf. Oben angekommen, ging es los. Sie hängten sich zu Zügen zusammen, indem sie sich am Vordermann festklammerten. Sechs, sieben Schlitten lang, und so sausten sie über die oft vereiste Rinne hinunter. Unten lief sie sanft in einem Flachstück aus. Besonders mutige Zugführer lagen sogar manchmal auf ihrem Schlitten – mit dem Kopf voran. Dabei wurde der letzte Mann nicht selten durch die Zentrifugalkraft aus der Rinne geschleudert, wenn man ungebremst zu schnell in die Kurven fuhr. Meistens blieb das ohne Folgen. Ja, man forderte es geradezu heraus.

Franziska aber forderte das ganz bestimmt nicht heraus, als sie den Pfarrer traf und meinte, sie müsste ihn aus Höflichkeit fragen, ob er denn mit ihr auf dem Schlitten mit ins Dorf hinunterfahren wolle. Sie fragte ihn einfach so, aus Verlegenheit, oder weil sie sonst nicht wusste, was sie zu ihm sagen sollte. „Immer höflich sein zum Pfarrer und ihn grüßen", hatte ihre Mutter gesagt. Zu Franziskas Verwunderung, aber auch zu ihrem Schrecken willigte der geistliche Herr ein. Also los! In der Aufregung vergaß sie zu bremsen. Der etwas korpulente geistliche Herr anscheinend ebenso, oder er konnte es ganz einfach nicht. So nahm der schwer beladene Schlitten immer mehr Fahrt auf. Franziska fuhr viel zu schnell in eine leichte Kurve, und schon passierte es: Der Schlitten wurde gegen die Schneewand geschleudert, und Franziska und der geistliche Herr flogen gemeinsam in hohem Bogen in das Feld hinaus. Zum Glück nahm es der Pfarrer mit Humor, es war ihm Gott sei Dank nichts passiert.

Häufig heulte der Wind um die Häuser, und die Kinder froren jämmerlich in ihrer ärmlichen Kleidung und den selbst gestrickten Fäustlingen. Abends vor dem Schlafengehen breitete Mutter die Leintücher auf dem heißen Ofen aus. Man konnte sich dann in die kuschelig warmen Tücher wickeln, wenn es ins Bett ging.

Die Mutter erzählte den Kindern immer wieder, wie gut sie es doch heutzutage hätten. Als sie noch zur Schule ging, habe es noch nicht einmal Unterhosen gegeben. Sie kam von einem der höchsten Höfe oben am Berg, anderthalb Gehstunden vom Dorf entfernt. Ihr Weg zur Schule war meistens lustig und abenteuerlich, denn man konnte den Schlitten benutzen. Aber sie musste so schrecklich früh aufstehen. Meist war es noch stockdunkel, wenn sie aus dem Bett kriechen musste, um rechtzeitig zur Messe zu kommen. Diese mussten die Kinder damals täglich vor der Schule besuchen. Denn wehe dem, der da fehlte. Der Pfarrer konnte sehr, sehr unerbittlich sein und ungemütlich werden. Dann saß sie da in der ungeheizten Kirche, die Strümpfe reichten nur über die Knie, in einem armseligen Kittel, der meist auch noch nass oder steif gefroren war. Danach musste sie in die kalte Schule, und hier hieß es, bis ein Uhr zu sitzen. Der Unterricht war damals nur auf Italienisch. Es gab nette Lehrer, die sie gern mochte, aber auch Lehrer, die total überfordert waren und die Kinder auch manchmal schlugen. Diese konnten kein Italienisch, die Lehrer kein Deutsch. Einmal seien die Buben ausgerissen vor einem strengen und bösen Lehrer. Die Buben durch das Dorf, der Lehrer hintennach. So war das halt damals, zur Zeit des Faschismus, erzählte die Bäuerin.

In der Mittagspause, man hatte damals zweimal nachmittags Schule, durften die Kinder sich nicht etwa im Schulgebäude aufhalten. Die Mutter wusste auch nicht warum. Sie wurden hinaus in die Kälte gejagt. Nur manchmal fanden die Kinder, die nicht nach Hause konnten, Unterschlupf in einem der Häuser. Dort durften sie sich ein wenig aufwärmen. Zum Mittagessen hatte ihr die Großmutter kalten *Ribbla*, Kaiserschmarren oder ein paar Krapfen in eine Dose gepackt.

Wenn der Unterricht aus war, ging es endlich wieder nach Hause. Meist schon in der Dämmerung auf eisigen Wegen, an den Füßen Steigeisen, eineinhalb Stunden hinauf. „Die gute alte Zeit hat es nie gegeben und kann mir gestohlen bleiben", sagte die Mutter manchmal. Wie oft hatte sie die Dorfkinder beneidet, welche nach ein paar Schritten zu Hause waren.

Heiligabend und „Neujahrsschreien"

Weihnachten, Heiligabend. In der Erinnerung türmte sich damals immer der Schnee, und die Winter waren noch richtige Winter.

Der Vater holte am Vormittag eine kleine Fichte aus dem Wald. Aus Sparsamkeit nahm er natürlich nicht eine einzeln stehende, gleichmäßige, sondern eine, die nicht schade war, aus dem Dickicht herausgehackt zu werden. Er wusste sich zu helfen: Er bohrte Löcher in das Stämmchen und leimte fehlende Ästchen hinein, sodass die kleine Fichte üppig und gleichmäßig aussah. Dann wurde das Bäumchen geschmückt, einfach, mit Äpfeln, Bonbons und Keksen, die man in die Zweige hängte.

Es gab an diesem Tag kein Frühstück, aber gegen zehn Uhr schon das Mittagessen. Meistens tischte man Erbsensuppe und Krapfen auf, seltener Mohnmus und *Maislan*, ein Germteiggebäck und Milch. Während des Mittagessens hofften die Kinder, dass niemand kam, denn dies hätte ein großes Unglück bedeutet. Ihr Vater sagte immer, dass dann jemand aus der Familie sterben müsse. Das war für die Kinder beängstigend und unvorstellbar. Sie waren dann immer froh und erleichtert, wenn das Mittagessen vorbei war.

Wenn der Hahn während des Essens krähte, so sagte man, heiratet eine Magd. Der Bauer erzählte, dass verschmitzte Leute immer wieder versuchten, den Hahn während des Mittagessens zum Krähen zu bringen, um die Mägde *zi tikkn*, also zu necken. Aber damals konnte er sich schon nicht mehr Dienstboten leisten.

„Geht Schlitten fahren, mindestens eine Stunde lang", sagte die Mutter dann, „sonst traut sich das Christkind nicht her." Und so zogen sie los. Auch Franziska und Robert mussten mit, obwohl sie damals als die Ältesten schon wussten, dass es das Christkind in der Form, wie es sich die Jüngeren noch vorstellten, nicht gab.

Endlich war die Stunde vorbei, und sie durften in die Stube stürmen. Was sie dort sahen, trieb ihnen die Röte der Freude ins Gesicht. Unter dem Baum lagen Süßigkeiten, Fäustlinge, eine neue Hose und die Bücher der Autorin Auguste Lechner. Jahr für Jahr ein neues: Sie erzählten von den Nibelungen, den Abenteuern von Dietrich von Bern, Wolfdietrich, Ortnit, Parzival, Aeneas und Odysseus; oder die Dolomitensagen und viele andere Abenteuer.

In einem Jahr hatte der Vater unzählige Bauklötze aus einem gehobelten Brett geschnitten und sie leuchtend blau gestrichen. Besser wie Lego, denn sie rochen auch noch gut nach Harz. Einmal hatte er zwei Schaukelpferde gebaut, die die Kinder allerdings schon vor Weihnachten in einem Versteck fanden, und sie begannen zu ahnen, wer das Christkind war.

Neujahr, der große Tag. Schon tagelang hatten sie dem Neujahrsschreien entgegengefiebert. Ihre Mutter musste sie an diesem Tag früh wecken. Sie hatte ihnen weiße Leinensäcke hergerichtet, eigentlich waren es Polsterbezüge, an denen sie

Tragriemen angenäht hatte. Dann ging es los: Sie zogen vo. Haus zu Haus, von Hof zu Hof, von Dorf zu Dorf. Bei jedem Wetter, bei Sturm und Schnee, immer den gleichen Neujahrswunschreim vor den Haustoren schreiend: „Wio winschn enk a glickseligis, freidnreichis nois Jouh, Glick und Seign's gonze Jouh!" – Wir wünschen euch ein glückseliges, freudenreiches neues Jahr, Glück und Segen das ganze Jahr!

Dafür gab es dann in den Häusern Kekse, Nüsse, Äpfel, Feigen und *Böxhöüong*, die gedörrten Früchte des Johannisbrotbaumes. Sie bekamen auch Orangen und Mandarinen, verpackte Süßigkeiten und ganz, ganz selten ein kleines Geldstück. Nicht gerade beliebt waren die Äpfel, da sie in der Kälte zu Eiskugeln gefroren und nach dem Auftauen bald faulten. Da die Neujahrsschreier fast immer auch alle Nachbardörfer abklapperten und dementsprechend volle Säcke mitschleppten, erregte dies nicht selten den Neid der Konkurrenz, sodass es unter den Kindern öfters zu Rivalitäten, Raufereien und sogar Ausraubaktionen kam.

Der tüchtigste der Neujahrsschreier war Robert, der Älteste. Ihn musste seine Mutter schon um fünf Uhr wecken. Er war in der Frühe immer der Erste und am Abend immer der Letzte. In aller Herrgottsfrühe schon stieg er zu den entlegensten Höfen hinauf, denn er hatte herausgefunden, dass er dort die größten Geschenke bekam, da sich selten ein Neujahrsschreier dorthin verirrte. Robert nahm deshalb diese Strapazen gerne auf sich. Außerdem waren die Leute froh, wenn als erster Neujahrswünscher ein Junge kam, denn das nahm man damals als ein besonders gutes Zeichen.

Am Abend des Neujahrstages wurden dann, obwohl alle todmüde waren, die Schätze gesichtet, gezählt, sortiert, gehandelt und gehortet. Ihre Mutter achtete immer darauf, dass sich die Kinder die Leckereien gut einteilten und sie sorgsam verwalteten. So reichten sie monatelang.

Skifahrer

Meine ersten Skier habe ich mir wohl gegen Mitte der 1960er Jahre gekauft. Ich hatte ein bisschen Geld zusammengespart, welches ich mir vor allem durch meinen regen Hasenhandel verdient habe. Ich kaufte und verkaufte Hasen und Kaninchen, und darin war ich wirklich tüchtig. Auch in der Aufzucht der Tiere hat mir niemand etwas vormachen können. In unserem Stall hat es manchmal geradezu von Kaninchen und Hasen gewimmelt. Überall gruben sie Gänge, bauten Nester und Höhlen, und immer wieder kamen neue Tiere zum Vorschein.

Es waren gebrauchte Skier. Wem ich die Skier abgekauft habe, weiß ich nicht mehr. Auf jeden Fall waren es österreichische Skier der Marke „Kneissl", mit einer „GEZE"-Seilzugbindung und breiten Stahlkanten. Man schlüpfte mit den Bergschuhen in die Fersenfeder und schloss vorne den Schnappverschluss. Nur schwer stürzen durfte man nicht mit dieser Bindung, denn sie ging dabei oft nicht auf.

Ich war beileibe nicht der Erste, der im Dorfe Skier hatte, sondern eher einer von den Letzten. Unsere Eltern hatten nicht das Geld, um uns Skier zu kaufen.

Nachmittags nach der Schule versammelten wir Jungen uns im *Lacherfeld*. Mädchen waren später auch einige dabei. Dann hieß es, eine Piste treten. Wir arbeiteten uns nebeneinander mit parallel zum Hang gerichteten Skiern den Hang hinauf bis zur Kirche und trampelten den Schnee fest. Oben angekommen, ging es in rasender Fahrt wieder über das Feld hinunter. Praktisch war, dass das *Lacherfeld* in einem Gegenhang ausläuft, sodass man gar nicht zu bremsen brauchte und sich einfach durch den Schwung hinauftragen lassen konnte. Das hat so schön im Bauch gekitzelt. Wir hatten einen Riesenspaß beim Hinaufgehen, lachten und lärmten. Die Zeit verging immer wie im Fluge. Ich kann mir nicht vorstellen, dass die heutigen jungen, verwöhnten Skifahrer mit ihrer Superausrüstung auf den perfekt präparierten Skihängen solch einen Spaß haben wie wir damals.

Der Clou war, als ein Lacherbub auf die Idee kam, die Seilwinde aufzustellen, mit der wir uns hochziehen lassen konnten. Geschäftstüchtig war er auch: Gegen ein paar Hundert Lire bekamen wir einen Bügel, mit dem man sich ins Seil einklemmen und hochziehen lassen konnte. Wir hatten unseren eigenen Skilift, noch bevor der richtige Lift in den frühen 1970er Jahren ein Dorf weiter eröffnet wurde. Diesen Bügel musste man natürlich rechtzeitig loslassen, wenn man oben war, damit man nicht in die Umlenkrolle gezogen wurde. Das Ganze war nicht ungefährlich, aber passiert ist Gott sei Dank nie etwas.

Wir waren total skibegeistert. Unser Idol war damals Gustav Thöni, der weltbekannte Skirennläufer aus Trafoi. Er hat in den 1970er Jahren Rennen um Rennen gewonnen. Seine Spezialdisziplinen waren Slalom und Riesenslalom. Er gewann viermal die Gesamtwertung des Skiweltcups und 24 Weltcuprennen, wurde viermal Weltmeister und gewann bei Olympischen Spielen drei Medaillen, eine goldene und zwei silberne. Wir waren mächtig stolz auf ihn, und um die Rennen sehen zu können, hat sich das Fernsehen in unserem Dorf in Windeseile verbreitet. Unser Idol war auch einmal in unserem Dorf; sein Autogramm auf einer Wand im Speisesaal des Gasthauses neben der Kirche zeugt noch heute davon. Ich kann mich gut daran erinnern, wie schnell wir an den Wintersonntagen nach der Messe nach Hause gelaufen sind, um im Fernsehen die Weltcuprennen zu sehen. Gustav Thöni hat übrigens auch nach seinem Rücktritt vom Spitzensport zahlreiche Erfolge gefeiert: als persönlicher Trainer von Alberto Tomba und als Cheftrainer der italienischen Nationalmannschaft.

Das ganze Dorf war skibegeistert, und es wurden sogar einige Skirennen ausgetragen. Mir sind noch einige Abfahrtsrennen im *Lacherfeld* lebhaft in Erinnerung. Die Rennläufer starteten ganz oben im Wiesefeld unterhalb des Waldes und hüpften dann in der Nähe der Kirche über die Straße. Dabei pfiffen sie durch die Luft. Das hat wirklich toll ausgesehen.

Auf der Suche nach „verlorenen Steinchen"

Im Frühjahr, manchmal schon Ende Februar, Anfang März, wenn die Sonne schon höher stieg und die Strahlen mehr Kraft entfalteten, schmolz der Schnee schnell. Zuerst auf der Sonnenseite – und die noch herbstbraunen Felder kamen wieder zum Vorschein. Auf der Straße schmolz der Schnee rasch dahin, und das Schmelzwasser floss in Bächlein gurgelnd daher. Da *kehrten* die Kinder mit Stecken das Wasser, leiteten es in Bahnen und errichteten mit den letzten Schneeresten Wehren. Dann sahen sie zu, wie sich das Wasser aufstaute und sich plötzlich Bahn brach. Dabei stürzte der aufgelöste Schnee in einer Lawine daher.

Die in der Sonne flirrende Luft roch nach Erde und Sonne. So schön der lange Winter gewesen war, nun stieg die Sehnsucht der Kinder nach Abenteuer und Freiheit außerhalb der Stube.

„Gehen wir *Menglstuadlan*, die verlorenen Steinchen, suchen", schlug eines der Kinder vor. Der Vorschlag wurde jedes Jahr begeistert aufgenommen. Dann stürmten sie los, über die noch schneefleckigen Felder, über die frisch aufgeworfenen Maulwurfshügel, ins Lahntalfeld auf der Sonnenseite. Da, wo die Sonnenstrahlen schon im Frühjahr sehr steil auftrafen, aperten die Felder zuerst aus. Hier fand man sie manchmal, die ersten Frühlingsboten, die Krokusse, die „verlorenen Steinchen", am Fuße einer wärmenden Feldmauer oder einer Esche. Oft war die Suche noch vergebens, Mitte Februar, noch war es zu früh. Aber dann lugte den Kindern plötzlich aus dem winterbraunen, verdorrten Gras ein blauer oder weißer Krokus entgegen und leuchtete wie ein glitzerndes Juwel in der Sonne. Wer ein *Menglstuadl* zuerst fand, war der Held des Tages. Jubelnd wurde es von allen Seiten betrachtet und bestaunt, dieser erste Frühlingsbote. Sie freuten sich, die Kinder, so wie die Kinder eben. Dann wurde der Krokus schließlich gepflückt oder mitsamt dem braunen Knöllchen ausgegraben, um ihn den staunenden Eltern zu übergeben. Die Mutter „frischte" es dann in einem Schnapsglas ein und stellte es auf den Stubentisch. Der Beweis war erbracht, die schönste Jahreszeit, der Frühling brach nun endgültig an. Er war nicht mehr aufzuhalten, obwohl es manchmal dann doch noch winterliche Rückschläge mit Schneefall und Stürmen gab.

Waldi und der folgenschwere Biss

Einmal hat Waldi, unsere schwarz-weiße Promenadenmischung, der Liebling aller, einen Schüler gebissen, als dieser am Haus vorbeiging. Nicht etwa besonders fest; nur ein bisschen Blut rann über die Wade hinab, und die Hose hatte unten ein paar kleine Löcher. Wirklich nicht der Rede wert. Aber der Vater des Jungen hat wohl einen gewaltigen Aufstand gemacht, sich bei meinem Vater beschwert. „Ist man seines Lebens neuerdings nicht mehr sicher, nicht einmal auf dem Kirchweg? Ich werde den Vorfall bei den Carabinieri anzeigen oder den Hund erschießen, wenn das noch einmal passiert", so tobte er. Zugegeben, Vater kam wirklich unter großen Zugzwang.

Wir Kinder bekamen mit, wie er sich am Abend mit Mutter beriet. Wir machten in dieser Nacht kein Auge zu. Wir waren voller böser Vorahnungen und befürchteten das Schlimmste für unseren Waldi. Und die schlimmste aller Möglichkeiten trat am Morgen dann wirklich ein. Vaters Entschluss war unumstößlich: Waldi ist gemeingefährlich, unberechenbar, eine Gefahr für die Allgemeinheit und muss sofort weg, bevor er noch mehr Unheil anrichtet. Wir waren geschockt und traurig, wagten aber nicht zu protestieren. Unsere Eltern hatten ganz einfach die besseren Argumente.

Aber er brachte es wohl auch nicht übers Herz, Waldi eigenhändig ins Jenseits zu befördern. Im Dorf war es bekannt: Der Körba-Niggl, der Mesner, war der Mann für solche

Fälle. Man wusste auch, dass der Niggl das Fleisch nicht etwa entsorgte, sondern es sorgfältig verwertete. So stellte er das berühmte „Hundsschmalz" her, das über die Grenzen des Dorfes hinaus bekannt war. Es soll verlässlich gegen alle Arten von Atemwegserkrankungen geholfen haben. Vater muss den Mesner wohl gerufen haben, denn er kam schon am nächsten Abend. Waldi hat sein grausames Schicksal geahnt, denn er hat sich den ganzen Tag unter dem Ofen verkrochen und nichts gefressen. Wir Kinder meinten zuerst, er hätte ein schlechtes Gewissen wegen des gebissenen Schülers. Aber er muss seinen nahen Tod geahnt haben, da bin ich mir heute noch sicher. Hunde haben einen siebten Sinn und ein feines Gespür für drohendes Unheil. Der bärtige Niggl kam also, einen Tragekorb auf dem Buckel. Wir hatten uns alle in die Stube geflüchtet. Dann kam Vater und zerrte den jaulenden Waldi unter dem Ofen hervor. Wir Kinder saßen geschockt da. Auch der unerschrockene Robert, der an allerhand Grausamkeiten gewohnt war, musste er doch Vater immer beim Schweineschlachten und Schweineschneiden helfen. Ich erspare euch weitere Details, was das Schweineschneiden betrifft, ihr könnt euch sicher denken, um was es dabei ging. Auf jeden Fall wagte er es als Einziger, einen Blick aus der Stube zu werfen. Er sah noch, wie Vater Waldi in die *Machhütte* trug. Niggl stand schon mit seinem gezückten Taschenmesser da.

Bald darauf ein Kläffen und ein jämmerliches Jaulen. Nach fünf Minuten bangen Wartens war alles vorbei. Vater kam mit versteinerter Miene in die Stube und sagte nichts. Er sah aber schuldbewusst aus. Unsere entsetzten Blicke müssen ihn wohl unangenehm berührt haben. Als wir einen Blick aus dem Haustor warfen, hatte sich Niggl schon auf den Heimweg gemacht, den toten Waldi in seinem Korb auf dem Rücken. Später haben wir in der *Machhütte* blutige Hobelspäne gefunden.

Unser Hund hat für seinen übermütigen Biss teuer bezahlt. Aus seinem Fett ist „Hundsschmalz" gekocht worden. Das hat er nicht verdient. Dabei wollte er doch nur mit dem Schüler spielen. Die Geschichte mit Waldi haben wir Vater nicht so schnell verziehen. Das Ganze war ein Elend. Die Trauer war groß und währte lange.

Tiergeschichten

Wir hatten Hunde, Katzen, Kühe, Kälbchen, Hühner, Schweine. Wir sind mit Tieren aufgewachsen, sie gehörten wie selbstverständlich zu uns.

Immer hatten wir einige Katzen. Die brauchte es auch dringend zur Mäusebekämpfung. Unser Hof war lange Zeit ein *Einhof* gewesen, der Stall und das Wohnhaus waren also ein einziges Gebäude. Und da war es unvermeidlich, dass Mäuse vom angrenzenden Stall in den Wohnbereich herüberwanderten und in Stube und Küche Kost und Logis suchten. Wir hörten sie oft mit kratzenden Beinchen hinter dem Getäfel in der Stube herumhuschen, auf der Flucht vor irgendetwas, wenn wir an der Ofenbank oder beim Fenster kniend den Rosenkranz beten mussten. Eine furchtbar langweilige Angelegenheit übrigens, die spätestens dann aufgehört hat, Gott sei Dank, als die ersten Touristen in unser Haus kamen. Wenn also hinter dem Getäfel eilige Beinchen zu hören waren, spitzten unsere Katzen die Ohren und gingen auf die Jagd.

Die Katzen waren unsere Lieblinge. Im Winter lagen sie mit uns auf der warmen Ofenbank und schnurrten. In der Nacht kamen sie öfters zu uns in die Betten, obwohl Mutter das gar nicht gern sah. Sie konnte es aber nie verhindern.

Ich kann mich noch daran erinnern, wie einmal eine Katze in einer Kiste in der *Ofenhöhle* ihren Nachwuchs zur Welt gebracht hat. Wir haben ihr dabei fasziniert zugesehen. Vier nasse, blinde Würmer waren das, die das Muttertier nach der

Geburt sauber leckte und schnurrend an die Zitzen ließ. In den ersten zehn Tagen taten sie nichts als schlafen und saugen. Dann öffneten sie die Augen, stellten die Ohren auf und wurden mit der Zeit immer aktiver, neugieriger und verspielter. Sie balgten und rauften. Süß!

Weniger süß fand es Mutter, wenn eine Katze ihren Jungen eine lebendige Feldmaus zu Fangübungszwecken mitbrachte. Einmal sogar einen Maulwurf. Die lebenden Mäuse sind immer wieder entwischt, und das fand Mutter verständlicherweise gar nicht gut. Gut fand sie es auch nicht, wenn die Katzenpopulation in unserem Haus auszuufern drohte. Dann kam es vor, dass ein ganzer Wurf über Nacht verschwand. Wir fragten nicht nach, ahnten aber, was Vater mit ihnen gemacht hatte. Geburtenkontrolle musste eben sein, das sahen wir durchaus ein.

Um das Gegenteil von Geburtenkontrolle ging es, wenn wir mit unserem Schwein zum „Bär fahren" mussten; so nannten wir das. Wir trieben also unser weibliches Hausschwein zu einem Rendezvous mit einem Eber, um es befruchten zu lassen. Das war aber ganz und gar kein romantisches Stelldichein. Unser Nachbar besaß so einen „Saubären", ein riesiges, haariges, ziemlich gewalttätiges Schwein mit gehörigen Hauern, das uns Kindern Angst und Schrecken einjagte. Unser Nachbar schickte uns dann immer auf die Treppe zum Heuboden hinauf. Von da oben durften wir dem wilden Treiben zusehen, wenn der Bauer seinen „Bären" auf unsere arme Sau losließ. Dieser rabiate Kerl stürzte sich grunzend auf unser Schwein und besprang es, bis es fast in die Knie ging. Danach erlosch sein Interesse an dem armen Schwein sofort, und die ganze Angelegenheit war erledigt. Meist ließ die Wirkung dieses Stelldicheins nicht auf sich warten. Nach etwa dreieinhalb Monaten warf unsere Sau acht, neun Ferkel, manchmal auch zwölf und mehr. Die meisten Ferkel wurden später verkauft, einige wurden aufgezogen.

Ähnlich wie beim „Saubären" war es, wenn wir mit unseren Kühen zum Stier „fahren" mussten.

Diese Stelldicheins hörten auf, als die künstliche Befruchtung modern wurde. Da rief dann Vater den „Besamungstechniker". Den nannten die Bauern aber ziemlich despektierlich den „Rucksackstier" und hänselten ihn gehörig, den armen Kerl. Der Techniker kam mit einem Behälter, aus dem es vor Kälte rauchte, wenn er ihn öffnete. Er pflanzte den Tieren den Samen von amerikanischen Hochleistungsstieren ein. Das war eine ziemlich technische Angelegenheit. Ob die Tiere dem richtigen Rendezvous nachgetrauert haben, weiß ich nicht, keine Sau und keine Kuh hat sich je dazu äußern können.

Von zwei Kühen will ich noch erzählen, von Tieren, die einen tiefen Eindruck bei uns Kindern hinterlassen haben. Da war einmal die Superkuh Arona, die Schöne, die uns fünf, sechs Jahre hintereinander pünktlich ein Kalb gebar, meist ein weibliches. Das war bedeutend mehr wert als ein männliches. Auch lieferte sie uns jede Menge Milch. Als sie schließlich alt und unfruchtbar war, beschloss Vater, sie dem Metzger zu verkaufen. Sie kam sozusagen in die Wurst. Als Arona uns im Traktoranhänger verließ, schaute sie oben heraus und sah uns aus ihren großen, dunklen Augen fragend und vorwurfsvoll an. So kam es uns jedenfalls vor. „Ist das nun der Lohn für alles?", schien sie uns zu fragen. Mutter weinte und wir mit ihr.

Die zweite Kuh, die mir besonders in Erinnerung geblieben ist, war ein hässliches Monstrum mit nach unten gebogenen Hörnern. Sie sah aus wie ein andalusischer Kampfstier. Damals durften die Kühe ja noch ihre Hörner tragen, im Gegensatz zu heute, wo sie ihnen herausgebrannt werden. Angeblich wegen der Verletzungsgefahr. Den Namen der Kuh habe ich vergessen. Zu ihrer Hässlichkeit, wofür sie allerdings nichts konnte, kam aber noch ihre beachtliche Aggressivität. Nicht selten ist sie beim Kühehüten plötzlich auf uns losgegangen. Einfach so. Sie senkte den Kopf und stierte uns böse an. Einmal wollte sie, mir nichts, dir nichts, Anton auf die Hörner nehmen. Dieser musste schnellstens die Beine in die Hand nehmen. Die tollwütige Kuh raste hintennach. Zum Glück stand da ein Apfelbaum, auf dessen Äste sich Anton im letzten Moment hinaufschwingen konnte. Die Kuh flitzte mit gesenkten Hörnern unter ihm durch. Auch diese Kuh kam dann in die Wurst. Geweint hat diesmal niemand.

Raufereien und Vaters Besonnenheit

Vater war meist ein sehr besonnener, ja ein beinahe weiser Mann. Er neigte niemals zu Überreaktionen. Ich erinnere mich, wie Robert einmal mit einem Nachbarjungen, seinem Cousin und Freund, nach der Schule fürchterlich gerauft hat. Warum, weiß ich nicht mehr. Mein Bruder war zu der Zeit schon sehr stark, und sein Freund hatte keine Chance. Ich gebe es zu, Robert hat den Jungen fürchterlich zugerichtet. Ich habe es gesehen: Er hatte Blut im zerkratzten Gesicht, seine Kleider waren zerrissen und voller Erde. Robert hatte ihn mit dem Gesicht voran in einen gefrorenen Maulwurfshügel hineingesteckt. Dem Jungen muss die Geschichte wohl sehr zu Herzen gegangen sein, denn er hat zu Hause alles gepetzt.

Kurz darauf tauchte der Junge mit seinem entrüsteten Vater bei meinem auf. „Robert muss sofort bestraft werden, ich verlange, dass du ihn zur Strafe tüchtig verprügelst. Du siehst ja, wie er meinen Buben zugerichtet hat. Aussehen tut er wie der gekreuzigte Christus!" Vater ließ sich aber nicht aus der Ruhe bringen. Er dachte eine Weile nach und erwiderte: „Mein lieber Nachbar und Schwager, das werde ich bestimmt nicht tun. Tu das selber, wenn du den Buben erwischst. Ich werde dir dabei bestimmt nicht helfen. Und noch ein Rat: Sei nicht kindisch, ich bin mir sicher, die Buben werden morgen schon wieder die besten Freunde sein." Daraufhin schlich sich der Nachbar wie ein geprügelter Hund davon. Übrigens, erwischt hat der Nachbar Robert natürlich nie.

Vater hat recht behalten. Die Jungen schlossen bald wieder Frieden und waren wieder die besten Freunde. Wie gesagt, mein Vater neigte nicht zu unüberlegten Reaktionen.

Zum Thema „überlegte Reaktionen und Entscheidungen" muss ich noch etwas aus Vaters Leben erzählen. Im Jahre 1939, der Zeit der „Wahl", der *Option*, hat er sich für das Dableiben entschieden. Er ließ sich mit seiner Entscheidung Zeit. Sie erfolgte nach vielen schlaflosen Nächten und intensiven Gesprächen mit einem angesehenen Geistlichen aus dem Dorf, dem Theologieprofessor und Regens des Brixner Priesterseminars, Dr. Josef Steger vom Tischlhof. Dieser war ein entschiedener Gegner des Nationalsozialismus. Vater war damals 25 Jahre alt. Seine Entscheidung fiel ihm schwer, denn der Druck von allen Seiten war sehr, sehr groß. Leider hat er damals den Fehler gemacht, dass er auch noch andere Leute von seinen Ansichten überzeugen wollte. Und das nahmen ihm die vielen fanatisierten Nazis und Dorfbonzen sehr übel. Er hat mir öfters erzählt, wie er von ihnen geächtet, verhöhnt und gedemütigt wurde. Beschimpfungen wie *wallischo Fock* und „Verräterschwein" waren an der Tagesordnung. Einmal hat ein Nachbar vor ihm seine Hose heruntergelassen und ihm den blanken Hintern gezeigt. Eines Nachts haben sie ihm seine geliebten Äpfel- und Kirschbäume umgeschnitten und die Hausmauern mit Schmähungen und Hakenkreuzen beschmiert. Als er eines Morgens das Haustor aufmachte, fiel ihm ein Korb voller Exkremente entgegen. Er und die anderen *Dableiber* aus dem Dorfe, sie waren in der Minderheit, mussten sehr viel erdulden und haben viel gelitten in dieser unglückseligen Zeit.

Auch der damalige Pfarrer des Dorfes, Josef Reifer, geriet zwischen die Fronten von *Dableibern* und *Optanten*. Er war bis dahin im Dorf, neben dem Lehrer vielleicht, die unumstritten höchste moralische Autorität gewesen. Doch die einheimischen Nazis hatten dem Pfarrer nicht verziehen, dass er sich während der Optionszeit bei den Leuten für das Dableiben eingesetzt hatte. Und sie rächten sich an ihm, als im Dezember 1943 über dem Dorf ein amerikanischer Bomber, eine Flying Fortress, abstürzte. Es hatte einen Luftkampf gegeben, und der Bomber stürzte brennend oberhalb des Dorfes im Wald ab.

Fünf Mann der Flugzeugbesatzung hatten sich mit Fallschirmen retten können. Sie wurden sofort von SOD-Männern, das heißt vom *Südtiroler Ordnungsdienst* des Dorfes, gefangen genommen und abgeführt. Mein Vater hat mir erzählt, dass die Männer dabei alles andere als rücksichtsvoll mit den Gefangenen umgegangen sind. Fünf Mann der Besatzung waren tot. Nachdem man aus ihren Dokumenten entnommen hatte, dass sie Christen waren, wurden sie auf dem Ortsfriedhof begraben. Pfarrer Josef Reifer wollte ihnen einen letzten christlichen Dienst erweisen und verkündete ein Requiem für sie. Doch das war für die fanatisierten Dorfnazis zu viel gewesen, und sie haben den Pfarrer bei den entsprechenden Behörden angezeigt. Er wurde verhaftet und im Durchgangslager Bozen, das war eine Art Konzentrationslager, eingesperrt. Wie er meinem Vater später erzählt hat, blieb er drei Monate in Isolationshaft, und man drohte ihm immer wieder mit der Erschießung. Erst nach drei Monaten wurde er wieder freigelassen, als man ihm nichts nachweisen konnte. Allerdings durfte er bis Kriegsende nicht mehr in seine Pfarrei zurückkehren. Außerdem erteilte man ihm den dringenden Rat, sich zum Gedanken „Großdeutschland" anders einzustellen.

Aber zurück zu meinem Vater. Als die Deutsche Wehrmacht im Herbst 1943 Südtirol besetzt hat, wurde er sofort eingezogen. Das geschah übrigens widerrechtlich, denn er war ja italienischer Staatsbürger. Auch das hatte er den fanatisierten Dorf- und Talnazis zu verdanken. Als Mitglied eines Polizeiregimentes wurde er nach Oberitalien zur Partisanenbekämpfung geschickt. Dort hat er großes Glück gehabt, da er die Befehle der Vorgesetzten nur sehr widerwillig ausführte. Gegen Kriegsende, als die Niederlage der Deutschen schon eine Tatsache war, hat er sich mit ein paar Kollegen unter großen Gefahren einfach auf den Weg nach Hause gemacht. Das war dann doch eine seiner leichtfertigeren Entscheidungen. Sein Heimweh war wohl viel stärker als seine Vorsicht gewesen. Man kann sich vorstellen, was passiert wäre, wenn man sie erwischt hätte.

Vater war ein mutiger Mann mit klaren Prinzipien, und ich denke, dass seine Entscheidungen damals richtig waren. Hätte er anders entschieden, wäre er vielleicht ausgewandert. Er hätte Mutter nie kennengelernt, und unsere Familie hätte es in der jetzigen Form nie gegeben. Er hätte damals ganz andere – auch schlechtere – Wege einschlagen können.

Lehrergeschichten und das Fleischgericht der Wiese-Nanne

Unser Lehrer hat damals eine ziemlich merkwürdige Technik angewandt, um uns zum Lesen zu erziehen. Heutige Pädagogen wenden wahrscheinlich ausgeklügeltere Methoden der Leseerziehung an. Er jedenfalls kündigte an, meistens beim Nachmittagsunterricht am Donnerstag, dass der „beste Leser" einen *Kugla* erhalte, einen Kugelschreiber also. Derjenige bekäme ihn, der am längsten, ohne einen Fehler zu machen, lesen könne. Der Lehrer war Gastwirt und erhielt, wahrscheinlich, seine forstgrünen Kulis als Werbegeschenk von einer noch heute bekannten großen Südtiroler Brauerei. Oder vielleicht auch von der Raika-Bank. Die waren auch grün. Er bezahlte sie also nicht aus eigener Tasche, wohlgemerkt.

Ich war eine gute Leserin, aber habe beim Lesen ständig den Fehler gemacht, dass ich mich bemühte, schnell, sinnerfassend und flüssig zu lesen. Das war aber im Nachhinein ein Fehler. Denn irgendwann im Eifer der sinnvoll betonten Leserei überlas ich leider bald einen Buchstaben oder ließ ein Wörtlein aus. Und schon war es vorbei, und alle Hoffnungen waren dahin. Ich hätte so gerne einmal gewonnen, denn ich war wirklich gut im Lesen, hatte ich doch mit Genuss alle Auguste-Lechner-Bücher und fast alle Karl-May-Romane verschlungen.

Der Seppl hingegen, er war eigentlich ein sehr schlechter Leser, las furchtbar langweilig und langsam. Er las Buchstaben für Buchstaben, eintönig und stur wie ein Bock, und reihte monoton Wort an Wort. Aber er las lange und richtig, auch wenn das Gelesene keinerlei Sinn ergab. Einfach unfair war dieser Kugelschreiberwettbewerb. Denn dieses furchtbare Stoppeln schien den Lehrer nicht im Geringsten zu stören, was alle wunderte, denn Sepps Vorlesen war tödlich langweilig und extrem nervtötend. Wirklich eine Zumutung für alle. Aber – der Seppl gewann immer und kassierte zum Schluss des Wettbewerbs triumphierend den ausgelobten, heiß ersehnten Kugelschreiber. Die Welt ist ungerecht, wie man weiß, damals schon.

„Gerupft", wie wir es nannten, wurde aber auch der Seppl von diesem Kugelschreiberlehrer. Dies erfüllte uns mit einer gewissen Schadenfreude, denn es war die ausgleichende Gerechtigkeit, fanden wir, dass der *Kugla*-König Seppl noch öfter gerupft wurde als die anderen Buben. Er konnte nämlich einfach nicht über einen längeren Zeitraum still sitzen. Außer beim Lesewettbewerb natürlich. Nur die Buben wurden „gerupft", zum Glück. „Rupfen" hieß: Der Lehrer fasste mit Daumen und Zeigefinger ein Büschel Haare am Hinterkopf, und zog sie, also „rupfte" er, in gekonnter und oft geübter Art und Weise nach oben. Was, nach den Mienen der Buben zu beurteilen, höllisch wehgetan haben muss. Und nicht selten blieben in der Hand des Lehrers Bubenhaare zurück, welche er dann genüsslich auf die Hefte herabrieseln ließ. Heute würde so ein Lehrer natürlich sofort verpetzt und angezeigt werden. Wie die Zeiten sich doch geändert haben.

Doch nun zu erfreulicheren Pädagogen: Einmal brachte die Auer-Rosa, die verehrte Lehrerin der Kleinen, eine Tafel Schokolade mit. Sie war für den Schreib- und Rechenunterricht in der ersten und zweiten Klasse zuständig. Ich hatte damals, so glaube ich, noch nie Schokolade gesehen, geschweige denn gegessen. Nachdem sie die Schokolade aus der Papierhülle gewickelt und das Silberpapier entfernt hatte, brach sie eine Reihe ab. Sie erklärte und zeigte uns, dass jede Reihe aus vier Kästchen besteht. Dann sollten wir uns bildlich vorstellen und schätzen, aus wie vielen Kästchen die Schokolade besteht. Das nenne ich gute Pädagogik und Didaktik. Wer diese Rechenaufgabe gelöst hat, weiß ich nicht mehr, der *Kugla*-König ist es auf jeden Fall sicher nicht gewesen. Aber ich weiß noch, dass wir anschließend die Schokolade unter uns allen aufteilen durften. So erfuhr ich damals zum ersten Mal, wie himmlisch Schokolade schmeckt.

Wie schon erwähnt, hatten wir am Donnerstag Nachmittagsunterricht. Davor hatten wir anderthalb Stunden frei. In dieser Zeit gab es ein Essen in der Mensa im Keller. Die Wiese-Nanne war die Köchin und kam, wie der Name schon sagt, vom nahe gelegenen Wiesehof. Meistens gab es Polenta mit Marmeladensoße. Man musste sich in Reih und Glied anstellen. Wenn man dran war, klatschte die Nanne jedem einen ordentlichen Schlag Polenta auf den Teller und goss eine Kelle heißer, dünnflüssiger Marmelade darüber.

Wir waren wirklich nicht verwöhnt, und die Polenta schmeckte auch gar nicht übel. Bis es plötzlich einmal Fleisch gab: Polenta mit Fleischstückchen und Soße, was natürlich zuerst wahre Begeisterungsstürme auslöste, denn wir bekamen zu Hause höchstens zwei-, dreimal Fleisch im Jahr. Aber die Ernüchterung kam schnell. Das Fleisch schmeckte irgendwie sehr komisch, säuerlich, ja muffig. Niemand schaffte es, auch beim besten Willen nicht, seinen Teller leer zu essen.

Dies wiederum ärgerte die Wiese-Nanne maßlos, und sie schimpfte lauthals, was wir doch für verwöhnte *Frotzn* seien. Sie hätte schon für ganz andere Leute gekocht als für uns, einmal für den Bischof sogar. Aber das beeindruckte uns wenig. Dadurch schmeckte das Fleisch auch nicht besser.

Die Geschichte hatte noch Folgen. Am nächsten Morgen beklagte sich Mutter, wie furchtbar wir doch aus dem Mund stinken würden. Sogar Vater, welcher sich sonst nie um solche „Lappalien" kümmerte, pflichtete ihr bei. Allen Kindern im Dorf, welche das Mahl der Wiese-Nanne genossen hatten, erging es genauso. Noch tagelang stiegen äußerst üble Gase aus den Mägen und Mündern der Kinder und verpesteten, ich übertreibe wirklich nicht, die Luft im Klassenzimmer. Einige Kinder hatten auch arge Bauchschmerzen und Durchfall und mussten eine Weile zu Hause bleiben. Im Dorf wurde geredet, die Nanne habe das Kalb gekocht, welches im Stall des Wiesebauern eingegangen sei. Was an dieser Geschichte dran war, weiß ich nicht, und Nanne kann es uns auch nicht mehr verraten.

Noch eine Folge hatte das Fleischgericht der Wiese-Nanne. Anton, Klaus und auch ich weigerten uns, weiterhin in die Schulausspeisung zu gehen. Was wiederum die Wiese-Nanne maßlos erzürnte und zu der Bemerkung hinriss, sie habe schon immer gewusst, dass wir die verwöhntesten und verzärteltsten unter allen *Frotzn*, also unter allen missratenen Kindern seien. Aber wir hatten die Ausrede, wir seien doch in fünf Minuten zu Hause und brauchten deshalb keine Mensa. Zum Glück haben sich unsere Eltern solidarisch mit uns gezeigt. Gereut hat uns nur der heiße Kakao nach der Frühmesse, den die Nanne einmal im Monat in der Mensa gekocht hat. Der war wirklich gut und so heiß wie die Hölle. Wir haben uns öfters die Zunge daran verbrannt. Das Brennen haben wir dann ein paar Tage lang gespürt, und das hat uns noch lange an den süßen Geschmack der Schokolade erinnert.

Nebukadnezar und Daniel in der Löwengrube

Mein Bruder Anton hat im Religionsunterricht vom Pfarrer eine Hausaufgabe bekommen: Er sollte eine Szene aus der Bibel zeichnen. Religionslehrer stellen diese Aufgabe ja heute noch oft und gerne, ganz gleich, ob die Schüler zeichnen wollen oder nicht. Da war guter Rat teuer. Vater, den Anton um Rat fragte, hatte die Idee: Daniel in der Löwengrube sollte es sein. Vater war belesen, geduldig, mit einer künstlerischen Ader und viel Fantasie gesegnet.

Er erklärte Anton, was es mit Daniel aus dem Alten Testament so auf sich hatte: Daniel war eine Geisel der Babylonier. Man hatte ihn und viele Juden aus Jerusalem verschleppt, weit weg in die fremde Stadt Babylon. Jeden Tag betete Daniel und sprach mit Gott. Darum schenkte ihm dieser große Weisheit, und Daniel wurde der klügste Mann von Babylon. Dies erfuhr auch der König der Stadt, Nebukadnezar, und machte ihn zu seinem engsten Berater und Freund.

Die anderen Ratgeber waren deshalb furchtbar eifersüchtig. Sie warteten auf eine Gelegenheit, um Daniel eins auszuwischen. Tag und Nacht grübelten sie, wie sie ihn verleumden könnten. Dann hatte einer eine teuflische Idee. Sie wussten, dass für Daniel die Treue zu seinem Gott noch wichtiger war als die Treue zum König. Sie heckten einen Plan aus, und gingen zu Nebukadnezar. Sie redeten ihm ein, doch ein neues Gesetz zu erlassen, das vorschrieb, dass alle Menschen nur den König und niemanden sonst anbeten dürften. Wer dagegen verstieß, sollte den Löwen zum Fraß vorgeworfen werden.

Der König durchschaute nicht, dass es nur eine List war, um Daniel loszuwerden. Wie alle Menschen in Babylon erfuhr auch Daniel bald vom neuen Gesetz. Daniels Treue zu Gott war aber noch größer als seine Treue zum König. Darum fuhr er fort, wie eh und je zu Gott zu beten. Die Ratgeber lagen auf der Lauer und beobachteten, wie Daniel auf den Knien betete. Sie freuten sich diebisch, dass ihr Plan funktioniert hatte. Schadenfroh eilten sie sofort zum König und verrieten ihn. Der König war tief erschüttert. Aber nicht einmal er selbst durfte sein eigenes Gesetz missachten. Er konnte Daniel nicht mehr beschützen, und dieser wurde in die Löwengrube geworfen. Die Löwen waren ausgehungert, fauchten und brüllten nach frischem Fleisch.

König Nebukadnezar machte die ganze Nacht kein Auge zu. Er lag wach und dachte an Daniel und an die hungrigen, brüllenden Löwen. Beim ersten Tageslicht eilte der König zur Grube. Die Tür war noch fest verriegelt. Drinnen war kein Laut zu hören. „Daniel! Daniel!", rief Nebukadnezar voller Angst. „Hat dein Gott dich vor den Löwen gerettet?" Aber eigentlich war er sich ganz sicher, dass die hungrigen Raubtiere Daniel längst aufgefressen hatten. Da schallte Daniels Antwort klar und deutlich aus der Grube: „Großer König, mögest du lange leben. Ja, mein König, Gott hat mich beschützt." Der König seufzte vor Erleichterung und befahl den Wachposten, Daniel sofort aus der Löwengrube zu befreien. Gott hatte Daniel wundersam vor den Löwen gerettet. So weit, so gut.

Vater überlegte: Was war aber während der Nacht in der Löwengrube geschehen? Die Bibel gab keine Auskunft darüber, wie es Daniel gelungen war, in der Löwengrube zu überleben. Ganz glatt war das aber auf jeden Fall nicht gegangen. Vater begann zu zeichnen, und Anton sah staunend zu.

Am nächsten Tag präsentierte Anton stolz in der Schule seine Hausaufgabe. Ein bärtiger, muskulöser Daniel lehnte lässig und mit überkreuzten Beinen an einer Säule und schaute recht gleichgültig über die Szenerie. Neben ihm lehnte eine riesige, blutige Axt. Daniel musste nach dem Motto „Hilf dir selbst, dann hilft dir Gott" gehandelt haben. Denn vor ihm lag das Ergebnis eines gewaltigen, blutigen Massakers, das sich in der schicksalsschweren Nacht ereignet haben musste. Auf dem Boden lagen die Löwen in Stücke zerhackt, fünf mussten es mindestens gewesen sein. Da lagen Köpfe, Tatzen, Beine und Schwänze auf einem Haufen. Kurzum, vor ihm breitete sich ein entsetzliches, blutiges Schlachtfeld aus.

Da musste auch der sonst sehr strenge Pfarrer lächeln. „So ein Kindskopf", sagte er kopfschüttelnd und meinte damit sicher nicht Anton. Er kannte Vater. Unter die Zeichnung schrieb er daraufhin lächelnd hin: „Sehr brav gemacht. Weiter so!"

Baumfest

Von unserem Baumfest muss ich noch erzählen. Es fand einmal im Jahr im Frühjahr statt. Dazu strömten alle Schüler aus den benachbarten drei Dörfern im Enzwald zusammen. Was für ein Auflauf. Da waren dann Förster zugegen und sprachen über die Bedeutung und die Wichtigkeit des Waldes. Dann zeigten sie uns, wie man ein Bäumchen pflanzt. Anschließend ging es in die umliegenden Wälder, und wir Schüler durften jeweils fünf Setzlinge versenken. Ob meine Bäumchen jemals gewachsen und groß geworden sind, weiß ich nicht. Ich habe mir leider die Stelle nicht merken können, wo ich sie gepflanzt habe.

Aber zurück zum Geschehen, zum ersten Höhepunkt des Baumfestes. Jeder Schüler erhielt nach getaner Arbeit eine Salami-Semmel, für mich damals eine Köstlichkeit, und ein *Krachale*, ein bauchiges Fläschchen mit Aranciata, welches beim Aufmachen zischte und dessen Kohlensäure so schön in die Nase stieg und dort brannte, wenn man es zu schnell austrank. Danach konnte man herrlich laut rülpsen.

Dann nachmittags, vor dem Nachhausegehen, der zweite und eigentliche Höhepunkt des Baumfestes: das „Duell", der Zweikampf. Die Lehrer hatten sich sonst wohin verzogen. Ihr pädagogisch-didaktischer Eifer war inzwischen, nach erfüllter Dienstzeit, wohl erloschen, und wir waren uns selbst überlassen. Übrigens, uns selbst überlassen waren wir sehr oft, bei den Pausen in der Schule sowieso. Da ließ sich nie ein Lehrer blicken, sodass wir ungestört zanken und raufen konnten. Die Kerschmair-Zita hat in den Pausen oft Buben verprügelt, die es gewagt hatten, eine von uns Mädchen zu zwicken oder sonst wie zu schikanieren. Das hat dankenswerterweise alle Mobbing-Versuche vonseiten der Buben im Keim erstickt. So einfach war das damals bei uns.

Auch die Klettereien am Felsen oberhalb des Hofes „Unterstein" kümmerten die Lehrer nicht. Da war ein riesiger, beinahe kirchturmhoher Felsen, auf dem besonders die Jungen, aber auch mutige Mädchen wie ich ständig herumkletterten. Natürlich ungesichert. Wie leicht hätte damals jemand abstürzen können. Zum Glück ist nie etwas passiert.

Nur einmal haben uns die Lehrer etwas verboten. Im Frühjahr hat sich oft die Ruana-*Locke* gebildet. Dies war in unserer Vorstellung, wir hatten natürlich nie einen richtigen See oder gar das Meer gesehen, ein riesiger „See". Diese *Locke* bildete sich aus Schmelzwasser, das sich in einer Senke des noch gefrorenen Ruanafeldes für ein paar Wochen sammelte. Die mutigsten Jungen sind in einem *Bochkibile*, also in einem großen *Holzschaff,* das sonst zum Anrühren des Brotteiges verwendet wurde, darauf herumgerudert. Natürlich nur am Ufer entlang, denn schwimmen konnte damals keiner. Einmal ist das *Schiffl,* wie wir es nannten, samt dem Kapitän umgekippt und abgesoffen. Der Junge konnte sich nur mit Mühe und Not retten. Als sich das herumsprach, haben uns die Lehrer verboten, nachmittags zur Ruana-*Locke* zu gehen. Das war wirklich schade.

Aber ich bin vom Thema abgeschweift, zurück zum „Duell". Unser *Houglmua*, also der stärkste Junge des Dorfes, stand schon bereit und fieberte der Herausforderung entgegen. Es war jahrelang der gleiche Junge, der Berga-Thomas. Ein kräftiger, junger Mann. Im Laufe des Vormittags hatte sich sein armer Gegner herauskristallisiert, der von den anderen aufgestachelt gegen unseren Thomas antreten sollte, ja musste. Dann ging es endlich rund. Der arme Gegner hatte, solange ich bei den Baumfesten dabei war, nie auch nur den Hauch einer Chance. Drei Griffe von Thomas, und der Gegner lag wehrlos wie ein Käfer auf dem Rücken. Thomas setzte ihm einen genagelten Schuh auf die Brust. *„Gibschi di?"* Natürlich musste er sich ergeben, und der alte und zugleich neue *Houglmua* stand wieder für ein Jahr fest. Wir waren wirklich stolz auf ihn, und wir konnten uns jahrelang auf ihn verlassen. Auf den Berga-Thomas. Denn er hat die fünfte Klasse der Volksschule dreimal wiederholt und dort auch seine Schulkarriere beendet.

Gefährliche Spiele und Kartoffelfeuer

Wir hatten keinen Fernseher, keine Spielkonsole, kein Internet und kein Handy. Diese Begriffe gab es damals großteils noch gar nicht. Unser Spielplatz war eine kleine, ziemlich ebene Grasfläche vor dem Haus, auf der wir sehr viel Zeit verbrachten. Dort standen zwei Kirschbäume, der große „Rote" und der viel kleinere „Weiße". Etwas abseits stand ein alter Birnbaum. Dieser trug im September große steinharte Birnen. Wenn man sie im gärenden *Pofel*-Heu vergrub, im Heu des dritten Schnittes also, wurden sie schnell gelb und saftig. Sie haben wunderbar geschmeckt. Vater experimentierte viel mit Obstbäumen, aber soweit ich mich erinnere, war der Ertrag doch recht dürftig. Dies ist wohl großteils dem rauen Klima zuzuschreiben, aber auch der Insektenplage, der Vater einfach nicht Herr wurde. Obwohl er immer wieder Kupfervitriol spritzte, ein blaues, ich glaube ziemlich schwaches Schädlingsbekämpfungsmittel. Noch schärfere Mittel wollte er nicht einsetzen. Er war auf vielen Gebieten schon Umweltschützer, als es den Begriff noch gar nicht gab.

Im „Weißen" hing ganz, ganz selten eine helle Kirsche, und wenn, dann waren die Spatzen meistens schneller mit der Ernte als wir. Mehr Ertrag brachte der „Rote", aber wenn, dann hingen die dunkelroten Kirschen ganz oben in der Krone und waren furchtbar schwer zu erreichen. Wir kletterten dann wie die Affen in den Zweigen herum. Robert, natürlich immer Robert, war stets der tüchtigste Kletterer und traute sich ganz nach oben. Nur blöd, dass oben die vier Drähte der Stromleitung durch die Krone des Baumes führten. Das wurde ihm einmal fast zum Verhängnis. Er muss wohl in seiner Gier nach Kirschen mit einigen Drähten in Berührung gekommen sein. Auf jeden Fall heulte er auf und stürzte dann schreiend vom Baum. Gott sei Dank hat er nur einige tiefe Schrammen davongetragen.

Noch mehr Glück hatte Robert, als er einmal fast von unserer *Hexenbank* erschlagen worden wäre. Die *Hexenbank* war unsere eigene Erfindung. Ich erkläre euch, was es damit auf sich hatte. Wir gruben einen dicken Pfahl senkrecht und tief in die Erde und ließen ihn etwa einen Meter hoch herausstehen. Dann schlugen wir mit einem Hammer einen Eisenstift in den ebenen Kopf des geglätteten Stammes. Anschließend besorgten wir uns ein vier Meter langes Brett und bohrten genau in der Mitte ein Loch hinein, sodass wir es auf den Stift im Holzpflock setzen konnten. Das Brett konnte man nun auf dem Eisenzapfen rundum drehen. Wir nagelten noch zwei Griffe an die Enden des Brettes. Dann setzten wir uns darauf, und schon ging es rund. Die Beine reichten gerade noch so auf den Boden, und mit ihnen „schupften" wir uns gegenseitig an. In wilder Fahrt ging es dann auf und ab oder immer schneller rundherum.

Die Zentrifugalkräfte waren enorm. Einmal ist Robert genau in das sich drehende Brett hineingelaufen. Er wollte wohl jemanden vom Brett herunterreißen, um sich selber draufzusetzen. Da schlug ihm das drehende Brett an den Kopf, und er fiel um wie ein gefällter Baum. Er blutete wie ein Schwein und rührte sich nicht mehr. Unser Schrecken war groß und auch der Schock der Mutter. Wir trugen den ohnmächtigen Robert in die Stube und legten ihn auf die Ofenbank. Nach einiger Zeit und vielen kalten Umschlägen wachte er endlich auf. Schwindel, Übelkeit und rasende Kopfschmerzen. Natürlich holte niemand einen Arzt. Mutter tat wohl instinktiv das Richtige, beförderte Robert für drei Tage ins Bett und ließ ihn nicht mehr aufstehen. Nach einigen Tagen berappelte er sich wieder, klagte aber noch eine Weile über schlimme Kopfschmerzen.

Wir waren sehr erfinderisch in unseren Spielen. Wir spielten *Kitzbocken*, wobei wir auf einen auf beiden Seiten zugespitzten Holzprügel einschlugen. Wenn man mit einem Stock richtig auf ein Ende schlug, hüpfte der Prügel sich drehend in die gewünschte Richtung. Beim *Huuztreibm* trieben wir mit Stöcken eine Blechbüchse durch die Gegend. Und wir spielten „Cowboy und Indianer", wobei die Cowboys, so wie halt in der wahren amerikanischen Geschichte auch, eindeutig im Vorteil waren. Die Cowboys durften nämlich das Fort verteidigen. Das war der aus großen Granitblöcken schön gemauerte *Saukopf*. Vater hatte ihn, nach dem Lawinenjahr von 1951, zum Schutz gegen mögliche Lawinen aus dem Lahntalgraben errichten lassen. Die Cowboys schossen mit Steinschleudern vom Fort herunter, und die Indianer schossen natürlich mit Pfeil und Bogen zurück. Ich hatte einmal großes Glück, dass ich nicht ein Auge verlor, als ein Indianerpfeil so kräftig unter meinem linken Auge einschlug, dass ich eine blutende Wunde davontrug.

Natürlich spielten wir auch „Räuber und Gendarm". Bei allen viel begehrter war natürlich die Rolle des Räubers, denn das Böse und Verruchte lockt ja bekanntlich immer. Ich hatte ein todsicheres Versteck, das niemand je gefunden hat. Auf dem Heustadel hatte ich mir eine tiefe Höhle gegraben, in die ich mich verkriechen konnte. Ein Büschel Heu und schon konnte man die Höhle, sowohl von innen als auch von außen, perfekt tarnen.

Wir nagelten uns selber Stelzen zusammen und wurden wahre Künstler im Stelzengehen. Je höher sie waren, desto besser.

Beim Kühehüten drehten wir uns aus Zeitungspapier und Heublumen dicke Zigarren und rauchten, bis uns speiübel war. Da schmeckten uns die *Nazionali*, die italienischen Zigaretten, die wir uns aus Vaters Vorräten ausliehen, schon besser. Nur, sie zurückzugeben, war leider nicht mehr möglich.

Beim Hüten haben wir einmal in einem Topf über einem kleinen Lagerfeuer Kraut gekocht. Das hat wunderbar geschmeckt genauso wie die verbrannten Kartoffeln aus dem Kartoffelkrautfeuer auf dem Acker im Herbst. Die halbtrockenen, halb verfaulten Kartoffelstauden haben furchtbar geraucht, wenn man sie angezündet hat. Noch heute sehe ich die weißgelben Rauchsäulen kerzengerade in die kühle Herbstluft steigen. Der Rauch blieb dann in einem dichten Schleier über dem Dorf hängen, bis ihn der Wind wieder vertrieb. Wir freuten uns diebisch darüber. Damals machte man sich noch keine Gedanken um den Umweltschutz.

Hearischa und Antiquitätenhändler

In den 1960er Jahren kamen die ersten Touristen in unser Dorf. Wir nannten sie *Hearischa*, "Herrschaften", oder *Fremma*, die Fremden. Italienische Gäste kamen damals noch nicht, denn die 1960er und 1970er Jahre waren die Zeit der Sprengstoffanschläge in Südtirol. Die Anschläge der *Pustra Buibm* machten Schlagzeilen, und da ist es zu verstehen, dass italienische Touristen das Land und unser Tal mieden.

Hearischa, also Herrschaften waren sie in unseren Augen natürlich im Vergleich zu uns. Sie hatten offensichtlich Geld, fuhren in den Urlaub und kleideten sich fein. Oft gingen welche an unserem Hof vorbei, ältere deutsche Ehepaare in heller Kleidung, die wir seltsam und etwas merkwürdig fanden. Damals trugen die Frauen bei uns noch bunte Schürzen und Kopftücher, und sie hatten die Zöpfe zu einem Kranz aufgestellt. Mutter hat mal gesagt, die Deutschen würden aussehen wie die Doktoren im Krankenhaus. Wir fanden sie furchtbar neugierig. Sie zeigten mit den Fingern auf alles und fotografierten wie wild. Die Geranien und Pelargonien auf dem *Söller* zum Beispiel, die wirklich weitum die schönsten waren. Ein beliebtes Motiv war auch der *Naglstock,* das Nelkenfass, das im Dunstkreis des *Labls* die prächtigsten Blüten trieb. Die Deutschen lachten über das Plumpsklo mit der seltsamen Aufschrift "Sanft schliesen". Sie fotografierten uns Kinder, manchmal auch ungefragt, was uns natürlich sehr ärgerte. Allein die Vorstellung, in Deutschland von wildfremden Menschen begafft zu werden. Waren wir denn exotische Tiere oder ein noch unentdeckter Indianerstamm?

Einmal haben sie uns sogar beim *Laabm* der Eschen fotografiert und fragten uns allen Ernstes, ob wir denn da Tee pflücken würden. Sie hatten keine Ahnung, warum wir das Laub von den *Eschreisern* zupften, welche Vater heruntergehackt hatte. Sie wollten lange nicht verstehen, dass der angebliche Tee nur Viehfutter sein sollte.

Oft rumpelten die Fremden in einem VW Käfer auf der damals noch ungeteerten, schmalen Straße daher, eine Staubwolke hinter sich herziehend. Seltener kam ein Mercedes oder ein Opel. Einmal durfte ich mit einer älteren Dame in einem VW Käfer mitfahren. Dieses Erlebnis ist mir bis heute unvergesslich geblieben. Ich kann mich noch genau an das Rumpeln und Schaukeln des Autos und an den komischen Geruch des Parfüms der alten Dame erinnern. 4711, Kölnischwasser, wie ich heute weiß. Diese freundliche Dame hat uns auch fotografiert, mich und drei Geschwister. Sie versprach uns, das Foto zu schicken, was sie dann auch wirklich tat. Eines Tages kam per Brief das Bild, worauf allerdings nur zwei meiner Geschwister neben unserem Backofen zu sehen waren sowie ein Ärmel des Dritten. Die anderen zwei Geschwister hatte die Dame wohl in der Aufregung abgeschnitten. Im Brief schrieb sie, ich kann mich noch genau erinnern: „Tut mir leid, dass nur zwei von euch drauf sind, aber der Backofen ist ja auch schön." Wir haben sehr gelacht, damals.

Kurzum, mit den Fremden brach also eine neue Zeit an. Vater stellte sich, wie immer, besonders schnell auf die „modernen" Zeiten ein. Mit den Fremden hieß es, kommt das Geld in das Dorf, in die Wirtshäuser und in die Läden.

Ein Nachbar, der Motzilebauer, welcher zwölf Kinder ernähren musste und bitterarm war, war auf die Idee gekommen, Fasnachtsmasken und Wurzelmännchen zu schnitzen. Die Fremden hatten ihn immer wieder gefragt, ob denn der heilige Florian, welcher in einer Mauernische des Hofes stand und ihn vor Brandgefahr beschützen sollte, zu verkaufen sei. Den hat er natürlich nicht verkauft, sondern er hat einen neuen geschnitzt und den dann verkauft.

Vater, welcher, wie Anna schon erzählt hat, mit einer künstlerischen Ader ausgestattet und mit viel Fantasie gesegnet war, begann auch zu schnitzen. Er fing mit kleinen Sachen an, aber mit der Zeit wurde sein Repertoire immer größer. Aus Zirbelholz schnitzte er *Wetzsteinkümpfe*, Wurzelmännchen, furchterregende Fasnachtsmasken mit Kuhhörnern, Sonnen, aber auch grobe Krippenfiguren und Figuren von Bauern bei der Arbeit. Ach ja, sogar an das Schnitzen von Schachfiguren wagte er sich heran. Vaters schönste Schachfiguren waren die Bauern. Bauern mit Hut und Stock, mit Rückenkorb oder Rucksack, Sämänner, Bauern beim Mähen, stehende Bauern, schreitende Bauern. So weit, so gut. Aber ganz außen – nun kommt es – hockten zwei Bauern mit heruntergelassenen Hosen und einem gehörigen Würstchen am Hintern. Die „Scheißer", wie sie Mutter nannte. Ich sehe noch heute ihr Lachen im Gesicht und Vaters Schalk in seinen Augen.

Auch die Touristen, welche diese Figuren begutachteten, schmunzelten und lachten über Vaters Ideenreichtum. Er hatte also erheblichen Erfolg mit seinen unkonventionellen Schnitzereien, wohl auch, weil die Sachen, zumindest am Anfang, spottbillig waren. Zudem machte er auch tüchtig Werbung für seine Produkte. Bald zeigte ein Schild mit der eingekerbten Inschrift „Holzschnitzer" in unsere Stube. So kam Geld ins Haus, wenig am Anfang, aber dennoch. Wir konnten uns nun etwas leisten.

Das Angebot in ihrem Laden hatte die Ochna-Haus-Nanne inzwischen beträchtlich erweitert. Es gab nun *Struuzn*, also Weißbrot, Schokoladencreme, *Minznbreatlan*, also Pfefferminzbonbons, italienische *Mortadella*, Schweizer Käse, Sardinen in Dosen, Pfirsiche, Trauben und die ersten Tomaten zu kaufen. Diese schmeckten damals noch nach Sonne und Süden und kamen nicht aus holländischen Gewächshäusern wie heute. Sie schmeckten am Anfang sehr ungewohnt und komisch. Mit der Zeit habe ich sie geliebt.

Robert, Anton und Klaus nahmen sich ein Vorbild an Vater und begannen ebenfalls zu schnitzen. Kleine Dinge, Maipfeifen und Hähnchen aus Eschenholz, Eichhörnchen und Igel, auf deren Körper sie die mühsam abgezupften Dornen der Heckenrose leimten. Damit haben sie sich ihr erstes Taschengeld verdient.

Eines Tages kam ein Tourist ins Haus, welcher besonders großes Interesse an Vaters Schnitzereien zeigte. Groß war die Freude, als er alles aufkaufte, was da war. Den ganzen Kofferraum seines Autos belud er mit den Schnitzereien des Vaters. Er hieß Hoffmann, war Antiquitätenhändler und kam aus Nürnberg. Natürlich hatten wir keine Ahnung, wo das war, dieses Nürnberg, irgendwo in Deutschland halt. Er kam nicht nur einmal, sondern Jahr für Jahr, immer wieder, oft auch zweimal im Jahr. Und er begann zu schreiben und Sachen im Voraus zu bestellen. Der Absatz von Vaters Schnitzereien in seinem Geschäft in Nürnberg muss wohl aufgeblüht sein. „Der Hoffmann kommt, der Hoffmann kommt!", so jubelten wir, wenn er sich ankündigte. Sein Kommen war gleichbedeutend mit: Frisches, bitter benötigtes Geld kam ins Haus, und Hoffmann brachte außerdem auch noch Geschenke mit. Nürnberger Lebkuchen und Schokolade zum Beispiel, Spielsachen, einmal ein Radio, das dann 30 Jahre lang oder noch länger in unserer Stube stand. Das Radio war ein riesiger lackierter Holzkasten, dessen Vorderseite mit beigefarbenem Stoff bespannt war, hinter dem sich die Lautsprecher verbargen. Unten waren die weißen Schalttasten und die Regler untergebracht. Das Radio wurde für uns das Tor zur Welt.

Vater hörte immer die Nachrichten und natürlich den Wetterbericht im „Schweizer". Der Sender war der Beste, was die Vorhersagen für das Wetter betraf. Alle schworen damals auf den „Schweizer", während der „Bozner" im Ruf stand, rein gar nichts vom Wetter zu verstehen. Da konnte man gleich Lotto spielen, sagten alle, die Bozner Meteorologen nahm keiner ernst. Was für eine Freude hatten wir mit unserem Radio. Auch Mutter wurde zur begeisterten Radiohörerin. Mir ist in lebhafter Erinnerung, wie sie, wenn ihr Temperament wieder einmal mit ihr durchgegangen ist, Creedence-Clearwater-Revival-Hits wie „The midnight special" und „Green river" lauthals mitgesungen hat – in einem „Englisch", von dem sie natürlich keine Ahnung hatte. Dabei hat sie in der Stube herumgetanzt und wir mit ihr. Dies sind die heitersten und schönsten Momente mit Mutter, an die ich mich erinnern kann.

Hoffmann schickte auch zweimal im Jahr ein großes Paket mit gebrauchten Kleidern. „Die *Stille Hilfe*", sagte Vater, „und noch vor zehn Jahren haben die Deutschen Pakete von den Amerikanern bekommen, als ihr Land nach dem Krieg in Trümmern lag. Nun schicken sie uns Pakete. Wie sich die Zeiten doch ändern." Wir Kinder waren weniger begeistert über die Pakete der *Stillen Hilfe*, denn die Gebrauchtkleider trafen nicht gerade unseren Modegeschmack. Außerdem rochen sie so komisch. Aber Mutter war offensichtlich froh darüber, denn einiges war durchaus zu gebrauchen. Als Flickstoff zum Beispiel, ansonsten zerschnitt sie die Kleider in schmale Streifen und ließ Teppiche daraus „wirken".

Einmal schickte Hoffmann ein Paket mit Kleidern, in dem sich auch ein weißer, glänzender Lack-Kunstledermantel befand. Wir fanden ihn einfach nur abscheulich, doch Mutter behauptete das Gegenteil. Sie zwang mich regelrecht dazu, ihn anzuziehen. Mit größtem Widerwillen machte ich mich in dem scheußlichen Mantel auf den Weg in die Schule. Was würden meine Mitschüler sagen, wenn ich in dem glänzenden Lackungeheuer vor ihnen auftauchte? Ich hatte schon die Hälfte des Weges hinter mir, als ich beschloss umzudrehen, um mich des Lackmantels zu entledigen. Doch Mutter hatte mich offensichtlich beobachtet. Sie rief mir vom Balkon aus zu: „Schnell, lauf, der Bus fährt dir davon!" Da blieb mir nichts anderes übrig, als zur Haltestelle zu laufen und mich der Meinung meiner Mitschüler zu stellen. Alle haben merkwürdig geschaut, und gelobt hat diese glänzende Missgeburt niemand.

Mein Vater und Robert saßen Winter für Winter in der Stube beisammen und schnitzten, an einem alten Tisch sitzend, munter drauflos. Das lief nicht immer harmonisch ab, denn sie stritten sich oft furchtbar über banale Dinge. Robert war gerade in der Pubertät und wollte Vaters Meinungen nicht zustimmen. Auch Vater beharrte stur auf seinen Standpunkten. Manchmal floss auch Blut, wenn dem einen oder dem anderen wieder aus Unachtsamkeit ein Schnitzeisen in die Hand oder ins Bein gefahren war. Mutter musste sie oft verarzten und verbinden.

Eines muss ich noch erzählen: wie Vater versucht hat, Hoffmann eine Schnitzerei als „Antiquität" anzudrehen. Hoffmann fragte nämlich Vater öfters, ob er denn nichts Altes hätte, eine Statue, eine Maske oder ein Kruzifix zum Beispiel. Da muss sich Vater wohl gedacht haben: „Wenn ich schon keine habe, stelle ich halt eine Antiquität her." Er schnitzte eine Fasnachtsmaske und kam auf die grandiose Idee, sie in der Jauchegrube zu versenken. Dort blieb sie über ein halbes Jahr lang liegen. Als sie Vater wieder ans Tageslicht holte, war sie dunkelbraun, wurmstichig und stank erbärmlich nach Kuhfladen und Jauche. Aber sie sah wirklich antik aus, ich schwöre es. Als Vater diese „Antiquität" Hoffmann präsentierte, muss er wohl die ganze Geschichte durchschaut haben. Er blickte skeptisch, roch an der Maske, verzog den Mund und sagte: „Die muss dir wohl in die Jauchegrube gefallen sein, schade." Vater wurde kleinlaut und sagte nichts darauf, aber Hoffmann zahlte tatsächlich einen höheren Preis wie gewöhnlich. Er zog dabei wohl Vaters besondere Mühen in Erwägung. Dieser hat sich furchtbar geschämt, und er hat nie wieder eine solche „Antiquität" für Hoffmann hergestellt.

Von Ministranten, Rauchfässern und dem verschwundenen Messwein

Auch ich war Ministrant, so wie alle meine Brüder. Mädchen durften damals noch nicht ministrieren. Der Pfarrer rekrutierte den Ministrantennachwuchs unter den vielen Buben, welche in die Kirche kamen. Keine Familie wagte es damals, ihre Kinder nicht in die Kirche zu schicken. Das Körba-Niggile, der Mesner, übrigens der, welcher unseren Waldi auf dem Gewissen hat, hat uns in den Ministrantendienst eingewiesen. Vor den Messen richtete er die verschiedenen liturgischen Gewänder her, welche wir anziehen mussten. Er legte uns die großen Krägen um den Hals. Deren Farbe wechselte, je nach den verschiedenen Festen des Kirchenjahres, von Rot über Violett, Grün, Weiß und Schwarz. Den Sinn dieser Farben habe ich nie ganz verstanden, nur das Schwarz am Karfreitag, um Allerseelen und bei Begräbnissen hat mir eingeleuchtet. Das hat natürlich mit Trauer und Schmerz zu tun.

Regelrecht verhasst war bei uns Ministranten das Lernen der lateinischen Gebete. Zum Glück aber war der Pfarrer schwerhörig. So genügte es, wenn man den Anfang der Gebete kannte, ihre ungefähre Länge und die letzten drei Worte am Ende – mit dem „Amen" natürlich. Die Lücken dazwischen füllten wir mit unverständlichem Gemurmel und Gebrabbel. Dem Pfarrer ist nie etwas aufgefallen.

Am meisten Ansehen und den meisten Spaß brachte das Tragen des Rauchfasses mit sich und das Schwenken desselben. Nur die Älteren durften das. Aber dieser Dienst brachte auch seine Tücken mit sich, zum Beispiel, wenn der *Schiffl*-Träger mit einem kleinen, silbernen Löffelchen aus dem Schiffchen zu viel Weihrauchkörner auf die Glut schaufelte. So entstand schrecklich viel Qualm. Das geschah manchmal, wenn zum Beispiel der *Schiffl*-Träger dem Rauchfassträger aus irgendeinem Grund eins auswischen wollte. Wenn es zu viel qualmte, konnte das für den Träger des Rauchfasses üble Folgen haben. Der Pfarrer und der Körba-Niggl haben in dieser Sache nur wenig Spaß verstanden. Es hat merkwürdigerweise immer nur den Rauchfassträger erwischt und nicht den wirklich „Schuldigen", den *Schiffl*-Träger. Wenn es zu viel geraucht hatte, gab es dann nicht selten nach der Messe in der Sakristei vom jähzornigen Pfarrer oder auch vom bärtigen Niggl tüchtige Ohrfeigen dafür.

Mit den Ohrfeigen war der Pfarrer gar nicht sparsam. Einmal ist Robert etwas zu spät zum Ministrieren in die Sakristei gekommen. Das hat den Pfarrer so sehr in Rage gebracht, dass er ihm eine Ohrfeige verpassen wollte. Robert, nicht faul, machte bei der Sakristeitür wieder kehrt. Der Pfarrer – schon im Messgewand – wollte ihn sich schnappen. Dabei ist er über die kleine Stiege beim Eingang hinuntergefallen; der Pfarrer, nicht etwa Robert. Die Flüche, die er in seinem heiligen Zorn auf Robert ausstieß, möchte ich hier nicht wiedergeben. Daraufhin hat dieser seine Karriere als Ministrant beendet, weil er sich nicht mehr in die Sakristei getraut hat.

Ich liebte übrigens den Geruch des Weihrauchs sehr, denn der Qualm hat mich immer angenehm schwindelig gemacht und mich in leichte Rauschzustände versetzt.

An einem Karfreitag ist mir ein Missgeschick passiert. Ich muss wohl das Fass zu übermütig geschwenkt haben, denn es stieß irgendwo an. Die glühenden Kohlen ergossen sich aus dem Rauchfass über die dicken Teppiche. Der Niggl war sofort mit einem *Kehrtatl* und einem kleinen Besen zur Stelle und hat die glühenden Kohlen zusammengekehrt. Aber es blieben natürlich einige kleine Brandflecken auf dem Teppich zurück. Das hat den Pfarrer so in Rage versetzt, dass er mir nach der Messe ein paar tüchtige Ohrfeigen verpasst hat. Eigentlich war er ein sanfter Mann, aber wenn ihn der Jähzorn gepackt hat, sah er nur noch rot. Nachher hat es ihn immer gereut, aber da war es zu spät.

Dem Lacher-Kurt hat er in der Schule einmal so sehr die hölzerne Griffelschachtel um die Ohren geschlagen, dass dieser am Kopf wie ein Schwein geblutet hat. Dabei hat er nur in der Kirche der Aufpasserin, der Mua-Moidl, einer ehemaligen *Katakombenlehrerin*, die Zunge gezeigt. Einen anderen Schüler hat er geschlagen, weil er ins Tintenfass gepinkelt hat, welches damals auf allen Schulbänken stand. Jemand musste ihn wohl beim Pfarrer verpetzt haben.

Begehrt unter uns Ministranten war auch das Amt des Wein- und Wasserträgers. Dieser musste vor der Wandlung immer die kleinen Glaskrüglein hinter dem Altar hervorholen. Eines war, wie der Name schon sagt, mit Wasser, das andere mit Wein gefüllt. Die Hinterseite des Altars war weder vom Kirchenvolk noch vom Pfarrer einsehbar. Kein Wunder also, dass wir Ministranten auf die Idee kamen, immer schnell ein Schlücklein Wein zu trinken, bevor wir wieder hinaus zum Pfarrer mussten. Schnell noch einen Schluck Wasser hinterher, denn sonst hätte irgendwer die Alkoholfahne gerochen. Geschmeckt hat uns der Wein bestimmt nicht, es war eher eine Mutprobe. Die war schon sehr aufregend, denn Gefahr drohte vom Körba-Niggl, welcher die Zone hinter dem Altar einsehen konnte, wenn er seinen Hals aus der Sakristei reckte. Ein Wunder, dass er nie etwas mitbekommen oder gerochen hat.

Rollende Totenköpfe, interessante Zungenvariationen und Christi Himmelfahrt

Ich möchte mir überhaupt nicht ausmalen, was wohl passiert wäre, wenn uns der Mesner oder Pfarrer draufgekommen wäre, dass wir zwei Totenköpfe über den Lacherbühel haben hinunterrollen lassen. Diese hatte das Körba-Niggile beim Ausheben des Grabes mit ausgegraben und sie hinter der Lourdeskapelle zwischengelagert. Ich hoffe, die betreffenden Verblichenen, denen die Köpfe einmal gehört haben, haben uns verziehen und dennoch ihre Seelenruhe gefunden, auch wenn ihr Skelett bei der Auferstehung unvollständig ist.

Interessant und lehrreich war das Tragen des *Speistellers*. Dies wegen der vielen Variationen von Zungen, welche wir Ministranten zu sehen bekamen. Damals mussten die Leute noch nach vorne kommen, um am Speisgatter kniend die Hostie aus den Händen des Pfarrers zu empfangen. Die Hostie bekamen die Leute nicht etwa in die Hand gelegt wie heute. Nein, sie mussten dem Pfarrer die Zunge zeigen, und dieser legte eine Hostie darauf. Daraufhin zog der Betreffende die Zunge wieder zurück und mit ihr verschwand die Hostie im Mund. Damals war es nämlich streng verboten, eine Hostie zu berühren. Der *Speisteller*-Träger, ein Ministrant, hielt damals den Knienden einen runden, silbernen Teller unter das Kinn. Für den Fall der Fälle, dass eine Hostie auf den Boden heruntergefallen wäre. Nicht auszudenken, der Leib Christi auf dem schmutzigen Boden!

Was konnte der *Speisteller*-Träger da nicht alles beobachten. Manche Zungen waren spitz und kurz, andere lang und breit, manche rosa, andere rot, wieder andere weiß und belegt. Manche Leute streckten brav die Zunge schon lange vorher heraus, noch bevor der Pfarrer mit der Hostie vorbeikam. Bei anderen wiederum schnellte die Zunge nur kurz heraus und riss die hinaufgelegte Hostie blitzschnell in den Mund, wie die Schlange ihre Beute. So kam es mir jedenfalls manchmal in den Sinn. Weniger interessant waren allerdings die Gerüche, welche manchmal den Mündern der Kirchgänger entströmten. Da durfte man nicht empfindlich sein, da musste man halt den Atem anhalten.

Am interessantesten fand ich immer die Zunge einer alten Nachbarin. Sie präsentierte ihre Zunge schon lange, bevor der Pfarrer mit Kelch und Hostie kam. Ich beobachtete gut, sie war sehr lang und breit und sah aus wie eine Mondlandschaft. Voller Krater, Klüfte und Abgründe.

Praktisch am Amt des *Speisteller*-Trägers war außerdem, dass man sich an Leuten, welche man nicht mochte oder die einen geärgert hatten, rächen konnte. Sie waren einem hilflos ausgeliefert, wenn sie da vor einem knieten und man ihnen den kalten *Speisteller* an die Gurgel drückte. Aber das habe ich wirklich nur ein paar Mal bei „Freunden" gemacht, welche mich sehr geärgert hatten.

Ein Spektakel bot sich einem auch am Fest von Christi Himmelfahrt. Während der Messe zog Mesner Niggl dann eine Holzstatue zum Himmel, sprich Kirchengewölbe hinauf. Der siegreich auferstandene Christus hing an einem langen Seil und drehte sich dabei um die eigene Achse. Oben empfing eine tanzende Engelschar den Christus. Dabei kam es nicht selten zu Zwischenfällen, die vor allem von den staunenden Kindern fast schon sehnsüchtig herbeigefleht wurden: Manchmal tanzten die fünf Holzengel so freudig und wild, dass es zu Zusammenstößen unter ihnen kam. Dann splitterten nicht selten Holzteile wie Flügel, Beine und Arme ab und regneten auf die Kirchgänger hinab. Allerdings, der haarige Arm des Mesners, der, wenn der auffahrende Christus nahe am Himmelsgewölbe war, zum Vorschein kam, um ihn durch das Loch am Kirchengewölbe zu befördern, störte. So fand ich. Er wollte nicht so recht ins Bild passen. Dieser haarige Arm passte einfach nicht in das feierliche Gesamtbild. Die Bauern jedoch achteten sorgfältig darauf, aus welcher Richtung der behaarte Arm des Mesners auftauchte: „Aus dieser Richtung kommt das nächste Unwetter!", hieß es dann ganz unchristlich.

Um Pfingsten wiederholte sich das Spektakel in ähnlicher Weise. Am Pfingstsonntag ließ der Mesner während der Messe die Pfingsttaube aus der Öffnung im Kirchengewölbe herab. Sie hing wieder an einem Seil, und der Niggl schwang sie im Kreise. Das hat uns Kinder natürlich schwer beeindruckt.

Wir Ministranten durften auch helfen, die Glocken zu läuten. In einem Nebenraum der Sakristei hingen von der Decke Seile herab, an denen man zog und sie wieder ausließ.

Das brachte die Glocken ins Schwingen. Dann löste man den Klöppel, und die Glocken begannen zu läuten. Wenn das Körba-Niggile gut gelaunt war, durfte sich manchmal einer von uns von der zurückschwingenden „Großen" mit in die Höhe ziehen lassen. Dabei musste man sich am Seil festhalten. Einmal hat es einen Kollegen allerdings so weit in die Höhe mitgetragen, dass er mit dem Schädel an die Decke knallte. Daraufhin hat dieser Spaß dann leider endgültig aufgehört.

In der Karwoche mussten die Glocken im Gedenken an das Leiden und Sterben von Jesus Christus für eine Weile schweigen. Dann kam die *Raatsche* zum Einsatz, welche oben im Glockenstuhl des Kirchturmes auf uns Ministranten wartete. Dies ist eine hölzerne Maschine, welche aus einer Noppenwelle besteht, die man mit einer Handkurbel dreht. Die an der Welle angebrachten Holznoppen biegen bei der Drehung die kurzen, am Rahmen der *Raatsche* befestigten Holzstangen zurück. Dann schnellen sie mit einem lauten Knall wieder zurück. Die Maschine erzeugt also einen ganz schönen Lärm und ersetzt auch heute noch in der Karwoche das Glockengeläut.

 # Die Sache mit der Sparbüchse und andere Streiche

Ich muss heute noch lachen, wenn ich daran denke. Vater war schon ein geduldiger Mensch! Einmal ist er nach Hause gekommen, von Bruneck, und da bemerkte Mutter sein zerrissenes und blutiges Hosenbein. Was denn geschehen sei, fragte sie verwundert. Da schaute auch Vater verwundert: Er hatte den Vorfall schon vergessen gehabt und es nicht der Mühe wert befunden, etwas davon zu erzählen. Er sei durch die Stadtgasse gegangen. Da habe ihn plötzlich von hinten ein großer Schäferhund angefallen und ihm in die Wade gebissen. Nach viel Gebell und einigen Fußtritten sei der Hund schließlich wieder verschwunden. Vater hatte gar nicht nachgeschaut, warum seine Wade brannte. Er hatte nicht bemerkt, dass der Hund seine Fangzähne in die Wade geschlagen, ein kleineres Blutbad angerichtet und die Hose zerrissen hatte.

Eines Abends fuhr Vater mit dem Fahrrad ohne Licht nach Hause. Das war nämlich kaputt. Damals waren die Nächte noch sehr dunkel. Er fuhr also ruhig dahin, nichts ahnend, auf der Schotterstraße. Er sah und hörte nichts. Solange die Reifen knirschten, war er noch auf der Straße, so dachte er. Plötzlich ein Knall, der Sturz, ein Ächzen, Schmerzenslaute. Ein anderer Radfahrer war aus der Gegenrichtung gekommen, offensichtlich auch er ohne Licht. Beide Radfahrer erhoben sich schweigend, keine gegenseitigen Vorwürfe. Beide setzten sich wieder auf ihre Räder und setzten die Fahrt wortlos fort.

Was hätten sie auch sagen sollen? Vater hat übrigens nie erfahren, wer sein Kontrahent auf dem Rad gewesen war. Am Morgen hat er uns lachend von seinem merkwürdigen Erlebnis in der Nacht erzählt, obwohl ihm alle Knochen noch wehtaten.

Vater war also ein geduldiger Mensch. Geduld brauchte er auch dringend mit uns, vor allem mit mir. Aber nie hat er seine Hand gegen uns erhoben. Er hat uns immer vollwertige Menschen sein lassen und uns in unserer Eigenart respektiert und wir ihn.

Er hat auch unsere kindischen Streiche ertragen. Natürlich spielten wir den bekannten Streich mit dem Geldbeutel am Faden. Wenn wir *Hearischa* sichteten, legten wir einen alten Geldbeutel auf die Straße, an dem wir einen langen *Spagat* befestigt hatten. Diesen tarnten wir mit Sand und Schotter. Dann legten wir uns hinter dem Backofen auf die Lauer. Wenn sich die Fremden nach dem – vermeintlich verlorenen – Geldbeutel bückten, zogen wir am *Spagat,* und der Geldbeutel bekam plötzlich Beine. Wir hatten unsere helle Freude mit diesem Scherz, rannten davon und krümmten uns vor Lachen, wenn die Fremden aufgrund des wandernden Geldbeutels erschraken und verwundert schauten. Weniger Freude hatte Vater mit uns, als er uns einmal bei diesem Treiben erwischte. Doch zu unserem Erstaunen hat er nur missbilligend den Kopf geschüttelt und nichts gesagt. Anna behauptet, sie hätte gesehen, dass er sogar gelächelt hat, als er sich abwandte und glaubte, niemand von uns schaue hin.

Nicht besonders gelächelt hat er, als ich ihm den Streich mit den grün schillernden Käfern spielte. Das kam so: Vater hatte jedem von uns, um uns zu ordentlichen Sparern zu erziehen, von der Raiffeisenbank eine *Schpoubixe* besorgt. Das war eine rot lackierte, ovale, etwa zehn Zentimeter hohe Stahlbüchse. Oben hatte sie eine Nummer, einen Tragebügel und einen Schlitz, durch den man Münzen einwerfen konnte. An der Seite war ein kleines Loch, durch das man die aufgerollten Geldscheine stecken konnte. Natürlich war sie verschlossen, und der Schlüssel wurde in der „Kasse", also in der Raiffeisenbank im Nachbarort aufbewahrt.

Wir waren wirklich sehr fleißige Sparer und fütterten unsere *Schpoubixe* im Laufe des Jahres mit Münzen und kleinen Geldscheinen. Diese erhielten wir manchmal von unseren Tanten und Onkeln oder von der *Töüte*, der Patin. Manchmal nahmen wir auch etwas Geld durch den Verkauf von kleinen Schnitzereien an die Touristen oder von Palmbesen am Ostersonntag ein. Auch die gesammelten Preiselbeeren und Pfifferlinge verkauften wir im Geschäft der Ochna-Haus-Nanne.

Zweimal im Jahr brachte Vater die *Schpoubixn* auf die Bank, wo der Beamte sie aufschloss, das Geld zählte und den Betrag im *Schpoubiëchl* vermerkte. Kurz und gut, als Vater ankündigte, die Sparbüchsen am nächsten Tag auf die Bank bringen zu wollen, kam ich auf eine geniale Idee …

Also, am nächsten Tag steckte Vater die Büchsen in seinen Rucksack und trug sie auf die Raiffeisenbank im nächsten Dorf. Am Anfang war es wie immer. Der Beamte nahm die Büchsen in Empfang, schloss sie auf, leerte den Inhalt auf einen Tisch, zählte die Münzen und die wenigen Scheine und vermerkte den Betrag im jeweiligen blauen Sparbuch. Nun war meine an der Reihe. Als sich deren Inhalt über den Tisch ergoss, staunten der Beamte und Vater nicht schlecht: Vor ihnen krabbelten mindestens eine Handvoll grün schillernde, glänzende Käfer auf dem Tisch. Ich hatte sie in mühsamer Handarbeit von den Brennnesseln gepflückt und durch das Seitenloch meiner *Schpoubixe* befördert. Vater hat sich furchtbar geschämt, wie er mir später zu Hause tadelnd erklärt hat. Der Bankbeamte hat, nachdem er sich wieder gesammelt und seine Sprache wiedergefunden hatte, noch spöttisch Vater gefragt: „Welchen Schatz hat mir der Bub denn da gesammelt? Die Käfer sehen ja aus wie Smaragde." Natürlich hat Vater zu Hause ordentlich geschimpft, aber ganz so schlimm ist es auch wieder nicht gewesen.

Warum ich auf die Idee kam, Vater noch einen zweiten Streich mit der *Schpoubixe* zu spielen, weiß ich nicht mehr. Wahrscheinlich hat er nach dem ersten Streich doch noch zu wenig eindringlich geschimpft. Auf jeden Fall hatten wir am Vorabend einer weiteren Sparbüchsenentleerung zwei Hennen geköpft. Als der Beamte Antons Büchse öffnete, fielen neben den vielen Münzen auch – und jetzt kommt es – die abgehackten Krallen und Sporne der am Vorabend geschlachteten Tiere mit heraus. Sie hatten wunderbar durch das kleine Loch an der Seite der Sparbüchse gepasst. Das hatten der Beamte und Vater gar nicht mehr lustig gefunden. Im Nachhinein ist meine Idee doch nicht so gut gewesen, ich gebe es zu, denn Vater war damals wirklich sehr aufgebracht und zornig, als er aus der Bank zurückkam. Um ein Haar hätte er mir damals eine Watsche verpasst, aber eben nur um ein Haar … Es kam aber so weit, dass ich Vater immer hoch und heilig versichern, ja beinahe schwören musste, dass nichts Unrechtes und Artfremdes in den Büchsen war, bevor er sie auf die Bank trug.

Zwei-, dreimal im Jahr köpften wir eine Henne. Natürlich nur eine alte, eine von denen, die kaum noch ein Ei legte. Hennen köpfen tat ich immer gern, denn da konnte ich mit meinen Brüdern um ein paar Hundert Lire wetten, wie weit denn die Henne in kopflosem Zustand noch flöge. Ich stand also mit Hackstock und Beil bereit und nannte eine Zahl an Metern, Anton nannte eine zweite Zahl und Klaus eine dritte. Dann packte ich die Henne an den Beinen, legte ihren Kopf über den Hackstock und ließ das Beil herabsausen. Dann schleuderte ich die geköpfte Henne sofort in die Luft, und sie flatterte kopflos und Blut spritzend davon. Bis an die zweihundert Meter weit, das war der Rekord. Dann maßen wir die Entfernung vom Hackstock bis zur Absturzstelle. Meistens gewann ich, denn ich konnte die Weite des Fluges ja zu meinen Gunsten beeinflussen. Denn je höher ich die Henne warf, desto weiter flatterte sie noch. Diesen Trick habe ich natürlich meinen Brüdern nie verraten. Es war doch ein sehr grausames Spiel, das gebe ich heute zu. Aber zumindest litten die geköpften Hennen während ihres letzten Fluges sicher nicht mehr.

Ein weiteres, auch ziemlich grausames Spiel fällt mir ein. An schwülen Sommertagen stachen uns beim Kühehüten immer wieder die verhassten Pferdebremsen. Das sind ganz gemeine Biester, Blutsauger, deren Stiche furchtbar wehtun und hässliche, juckende Beulen hinterlassen. Die Bremsen sind etwa so groß wie eine Biene. Sie sind graubraun und halten sich gerne bei Mensch und Vieh auf. Immer wieder lassen sie sich nieder, um Blut zu saugen. Wenn sie einmal beim Saugen sind, kann man sie allerdings leicht vorsichtig von der Haut pflücken. Wenn sie uns stachen, rächten wir uns furchtbar: Wir packten sie mit Daumen und Zeigefinger, entfernten ihnen die äußersten Segmente ihres Unterleibes und drückten ihnen dafür eine kleine, bunte Blüte hinein. Dann ließen wir sie wieder fliegen. Wir konnten sehen, dass sie mit ihrer weithin sichtbaren Blütenfracht oft noch weit flogen. Heute schäme ich mich dafür, aber damals meinten wir: Rache muss sein. Sie hatten uns gepiesackt, und wir empfanden es nur als gerecht, uns an ihnen zu rächen. Kinder können sehr grausam sein, wie man weiß.

Der Noggl-Seppl und der Rauswurf

Eine Geschichte möchte ich noch erzählen. Zu Beginn der 1960er Jahre musste man nach der Volksschule plötzlich noch drei Jahre lang die sogenannte „Einheitsmittelschule" besuchen. Sie war vom italienischen Staat aus heiterem Himmel, beinahe über Nacht, eingeführt worden. Das stellte die Gemeindeverwaltung logischerweise vor riesige organisatorische Probleme. Die Mittelschule war zwei Dörfer weiter in St. Johann eingerichtet worden. Da kamen alle Kinder des Tales zusammen. Wir wurden jeden Tag in einem Schulbus dorthin befördert. Und natürlich wurden wir zwangsverpflichtet, dort zuerst die Schülermesse zu besuchen. Dann brachte man uns in die „Klassen", die behelfsmäßig in verschiedenen Gebäuden untergebracht waren. Ein paar waren sogar in einem ehemaligen Stall eingerichtet worden. Dementsprechend hat es auch gerochen.

Damals herrschte übrigens große Lehrernot, und jeder, der für ein paar Jahre eine Oberschule besucht hatte, durfte Lehrer spielen. Viele waren sehr jung und hatten keine Ahnung vom Unterrichten. Von Disziplin keine Spur. Dementsprechend lustig und unterhaltsam ist es auch oft zugegangen.

Der Fahrer des „Postautos", so hat man damals die Schulbusse genannt, weil mit diesen auch die Post in großen Säcken befördert wurde, war der Noggl-Seppl. Er hat mich wohl gar nicht gemocht. Warum, weiß ich nicht, wahrscheinlich war ich ihm zu laut und zu ungestüm. Einmal hat er auf dem

Nachhauseweg seinen Bus angehalten und mich aus dem Fahrzeug geworfen. Auf jeden Fall habe ich sofort meinen Daumen erhoben und Autostopp gemacht. Ein VW Käfer hat mich tatsächlich sofort mitgenommen. Als der deutsche Tourist den Schulbus mit dem Noggl-Seppl überholt hat, habe ich diesem aus dem VW Käfer freudig zugewinkt. Das hat dem Seppl überhaupt nicht gefallen, denn er hat mich später bei meinem Vater verpfiffen. Wie dieser damals reagiert hat, weiß ich nicht mehr. Auf jeden Fall nicht sonderlich heftig, denn sonst wüsste ich noch davon. Übrigens, an jenem Tag war ich wesentlich früher zu Hause als alle anderen Schüler, was mich natürlich mit einem gewissen Stolz erfüllt hat.

Imker-Lehrgeld

Vater hat, soweit ich zurückdenken kann, immer schon Bienenstöcke gehabt. Er hegte und pflegte seine Bienenvölker mit viel Liebe und Begeisterung. Mich hat er behutsam in die Kunst der Imkerei eingeweiht und mit ihr vertraut gemacht. Ich bin ihm dankbar dafür, denn ich bin bis heute begeisterter Imker geblieben.

Ich erzähle euch nun einige wichtige Dinge über die Bienen. Erstens finde ich diese Materie sehr interessant, und zweitens kann ich hier mit meinem Imkerwissen glänzen. Die folgende Geschichte, die mir passiert ist, versteht ihr dann auch besser.

Die Zucht und die Pflege von Bienenvölkern sind eine Kunst, ja eine Wissenschaft für sich. Wenn Imker Honig ernten wollen, müssen sie sehr fleißig sein. Die Bienenvölker müssen stark in ihrem Bestand sein, wenn der Löwenzahn und die Frühlingsblumen blühen und später die Alpenrose. Nur dann kann man Honig ernten.

Mit den Bienen ist das so eine Sache. Jeder sieht nur den Honig, und die Arbeit sieht keiner. Gestochen werden will auch niemand. Die bittere Erfahrung von schmerzhaften Bienenstichen musste auch ich am Anfang meiner Imkerkarriere machen. Inzwischen habe ich wohl Tausende Bienenstiche empfangen, und es macht mir inzwischen so wenig aus, dass ich nicht einmal mehr eine Imkerhaube trage, um mich zu schützen. Das Gift der Bienen soll ja auch gesund sein und gegen Rheumatismus helfen. Die Stiche sollen auch jung und potent erhalten. Dass ich mich gut gehalten habe, sieht man ja an mir, nicht wahr?

Bienenvölker vermehren sich, indem eine junge Königin mit einem Teil des Volkes den Stock verlässt und einen neuen Staat gründet. Damit das neue Volk nicht auf Nimmerwiedersehen verschwindet, muss es eingefangen und in einem neuen Stock untergebracht werden.

Nun aber zu meiner Geschichte: An einem Sonntag, ich war wohl 15 oder 16 Jahre alt, musste ich allerdings einmal viel Lehrgeld im Umgang mit den manchmal recht aggressiven Insekten bezahlen. Also, an jenem besagten Sonntag im Frühsommer musste Vater dringend irgendwohin. Er instruierte mich hoffnungsvollen Nachwuchsimker daher sorgfältig, was ich tun müsste, wenn ein Volk ausschwärmen sollte. Ja, ich hatte alles verstanden. Ich war bereit alles so zu machen, wie ich es von Vater schon oft gesehen und gelernt hatte.

Und tatsächlich, es passierte. Urplötzlich verließ am Vormittag ein Schwarm von Bienen – es waren wohl einige Zehntausend oder mehr – mit ihrer Königin in einer riesigen Wolke den Bienenstock. Sie sammelten sich, wie schon vermutet, nahe dem Muttervolk in einer großen, herunterhängenden Traube in den Zweigen eines Apfelbaumes. Das hatte ich schon viele Male gesehen. Vater hatte in weiser Voraussicht schon vor langer Zeit vor der Bienenhütte Apfelbäume, alte Sorten wie Klaräpfel und Gravensteiner, gepflanzt. In diesen Bäumen legten die Schwärme immer eine Ruhepause ein, um sich weiter zu orientieren. Als Nächstes, das wusste ich, flogen einige Hundert Kundschafter, auch Spurbienen genannt, los. Diese suchen dann in der weiteren Umgebung nach einer geeigneten neuen Nistgelegenheit, möglichst in einer Baumhöhle. Sollte die Suche nicht erfolgreich sein, konnte sich der ganze Schwarm geschlossen erheben und weiterfliegen. So weit durfte es nicht kommen! Ich musste schnell handeln.

Gedacht, und zur Tat geschritten! Voller Tatkraft und Mut stülpte ich mir die Bienenhaube über, um meinen Kopf zu schützen. Dann packte ich den leeren Bienenstock mit einer Hand und die Holzleiter mit der anderen. Am Apfelbaum angekommen, sah ich die riesige, dunkle Traube aus Zehntausenden von Insekten herunterhängen. Irgendwo in der Mitte des Schwarmes musste sich die junge Königin befinden. Nur nicht an die Zehntausenden von giftigen Stacheln denken.

Weit gefehlt, dass mich jetzt der Mut verlassen hätte. Ich war wild entschlossen, die mir anvertraute Sache gut zu Ende zu bringen. Vorsichtig legte ich den leeren Bienenstock auf die Erde, öffnete den Deckel und lehnte ihn griffbereit an die Leiter. Dann checkte ich die Lage des Bienenschwarmes und lehnte die Leiter vorsichtig gegen einen dicken Ast des Apfelbaumes. „Komm, los geht's", machte ich mir Mut. Vorsichtig stieg ich über die Leiter hinauf. Die Aktion erforderte einiges Geschick. Nach etwa anderthalb Metern war ich in der richtigen Position. Zwischen meiner ausgespreizten Hand und dem Oberarm balancierte ich den leeren Bienenstock. Er wog nicht viel. Die rechte Hand brauchte ich für meine wichtigste Aufgabe. Vor mir hing die riesige Traube herunter.

Langsam schob ich den leeren Stock mit der Linken unter den Schwarm, und mit der Rechten fasste ich nach dem Ast, an dem die Traube hing. Ein schneller Ruck und der Großteil des Schwarmes würde in den leeren Stock fallen. Dann musste ich in der nächsten Sekunde wieder von der Leiter springen, um schnell den Deckel auf den Stock zu legen. Das war alles …, so weit die Theorie! Doch praktisch ging offensichtlich etwas schief. Bei Vater hatte es immer so einfach ausgesehen. Ich hätte wohl vorher das Manöver mehr trainieren sollen. Ich hätte wohl die Bienentraube mit dem leeren Stock umfassen, ihn darunterstülpen sollen, sozusagen. Und dann den Ruck am Ast ausführen. Hätte, hätte …

Auf jeden Fall fiel die Hälfte der Bienentraube am leeren Stock vorbei auf meine nackten Arme und Beine, die zu verhüllen ich nicht für die Mühe wert befunden hatte. Im nächsten Moment verdunkelte eine riesige Wolke aus Bienen meine Sicht. Ein wildes, dumpfes Brausen von Tausenden von Bienen erfüllte die Luft. Dann kamen die brennenden Stiche auf den Armen und Beinen. Sie brannten wie Feuer und gingen durch Mark und Bein. Nun verließ mich plötzlich aller Mut. Wilde Panik überfiel mich. Ich ließ den Stock fallen, sprang von der Leiter und ergriff die Flucht. Hinter mir ein riesiger Schwarm von aggressiven Bienen, deren heiliges Ritual ich zu stören gewagt hatte. Schreiend und wild um mich schlagend stürzte ich ins Haus. Dort erlöste mich Mutter von den letzten wilden Bienen, die noch ihren Stachel in mich versenken wollten. Über 30 Stiche zählten wir schließlich, zum Glück „nur" an Armen und Beinen.

Dieses schmerzhafte Erlebnis tat allerdings meiner Begeisterung für die Imkerei keinen Abbruch, obwohl ich den Rest des Tages auf der Ofenbank verbringen musste, so schwindelig und schlecht war mir von der Überfülle an Bienengift.

Gegen die *Marende* hin kam Vater wieder nach Hause. Zum Glück hatten die Kundschafterbienen noch keinen geeigneten neuen Nistplatz gefunden. Der Schwarm hatte sich neu formiert und hing immer noch im Apfelbaum. Ich war schon wieder so weit genesen, dass ich Vater zuschaute, wie er den Schwarm ruhig und geschickt „einfasste".

Alles verändert sich

Ende der 1960er Jahre begann sich unser Haus zu verändern. Nicht nur das Haus veränderte sich in dieser Zeit, auch wir Kinder selbst. Ich, Robert und Anna waren damals gerade in die Pubertät gekommen, ja irgendwie hineingetappt. Wir waren unsicher und unwissend und haben höchstens etwas geahnt, was da mit uns passierte. Niemand hatte uns aufgeklärt. Eine aufregende Zeit war es also sowieso schon. Dann kam der Neubau des *Futterhauses* und des Stalles, denn der Hof war vorher ein *Einhof* gewesen. Anschließend wurde auch noch das Wohnhaus umgebaut.

Vater beschloss also, unser Haus umzubauen, zu „sanieren", wie man damals sagte. Das war im Dorfe kein Einzelfall, denn überall wurde in dieser Zeit gebaut und renoviert. Man stellte sich auf die Bedürfnisse der Gäste ein, welche im Sommer immer zahlreicher ins Dorf kamen.

Ich bewundere noch heute den Mut des Vaters, denn Geld hatte er natürlich kaum. Woher denn auch? Die Bank hatte ihm einen Kredit gewährt, übrigens damals zu horrenden Zinsen. Viele haben es dann in den 1960er und 1970er Jahren nicht mehr geschafft, die Kredite zurückzuzahlen und sind *augirunn*, in Konkurs gegangen. Sie hatten sich „unverschuldet verschuldet", wie sich ein Landespolitiker damals etwas unglücklich ausgedrückt hat. Sie sind in Insolvenz gegangen, weil sie die explodierenden Zinsen nicht mehr zurückzahlen konnten. Übrigens ist das auch unserem Baumeister aus dem Dorfe passiert.

Dieser übernahm also die Umbauarbeiten. Das altehrwürdige *Labl* wurde niedergerissen und der *Söller* an der Straßenseite verschwand. Der Eingang des Hauses wurde an die vordere Front verlegt und wurde später über eine Betonterrasse zugänglich gemacht. Die *Machhütte* verschwand ebenso wie auch der mit Steinplatten ausgelegte, finstere, stickige Keller mit den Wein- und Krautfässern.

Ich kann mich noch gut an die riesige Steinhalde erinnern, die sich vor der Terrasse aufzutürmen begann, denn das Haus wurde nach und nach regelrecht von innen ausgehöhlt. Die alten, beinahe meterdicken Steinmauern wurden teilweise abgetragen und durch Ziegelmauern ersetzt.

Während des Umbaus zogen wir nicht etwa aus. Wo hätten wir denn auch hingehen sollen? Ich erinnere mich, wie verzweifelt Mutter war, als sie, ohne Küche, in einer kleinen Kammer fünf, sechs Arbeiter verköstigen musste. Auf einem kleinen Sparherd kochend. Das Rohr für den Rauchabzug hatte Vater kurzerhand provisorisch beim Fenster hinausgeführt. Einmal rauchte und qualmte es furchtbar, denn manchmal wollte der Rauch nicht abziehen. Mutter verzweifelte und weinte. Ich glaube, nicht nur wegen des Rauches, welcher ihre Augen zum Tränen brachte.

Ein paar Wochen lang mussten wir am Abend über Leitern steigen, um in das obere Stockwerk und in die armselig auf dem Dachboden untergebrachten Betten zu gelangen. Die Bauruine stand vollkommen offen, doch wir fühlten uns einigermaßen sicher. Wir wussten, Vater hatte für den Ernst- und Verteidigungsfall eine riesige Axt griffbereit neben sein Bett gelehnt. Sollten sie nur kommen, die Einbrecher. Auch diese Zeit überstanden wir ohne Unfall und auch ohne weitere physische oder psychische Schäden.

Ja, wie leicht hätte ein Unfall passieren können, zumal man es mit der Sicherheit am Bau damals nicht so genau nahm. Während der Bauzeit kam meine Schwester Anna einmal von der Schule nach Hause. Sie stürmte wie gewohnt über die Stiege zum *Söller* hinauf, riss das Haustor auf und schickte sich an, über die Schwelle zu treten, ins Leere! Die Arbeiter, die vormittags einen Teil des Hauses von innen ausgehöhlt hatten, schrien vor Schreck. Ihr Schutzengel muss Anna damals im wahrsten Sinne des Wortes zurückgehalten haben.

Auch Anton hat ein Riesenglück gehabt, dass er nicht tödlich abgestürzt ist, in einer Sommernacht. Unser Haus sollte auch einen *Söller*, einen Balkon, bekommen. Doch in diesem Sommer ragten nur die hölzernen *Söller*-Köpfe aus der Außenmauer, auf die später der hölzerne Balkon aufgelegt und befestigt werden sollte. Mutter konnte auch in diesem Umbausommer nicht auf ihre geliebten, überwinterten Geranien verzichten. Deshalb hatte Vater einige Bretter auf die Balkonköpfe gelegt, auf welche Mutter ihre *Buschnfasslan*, die Geranienkästen, stellte. Zwischen den Kästen und der Hausmauer war noch eine Handbreit Platz, damit Mutter, jedes Mal auf abenteuerliche Art und Weise, die Geranien gießen konnte.

Eines Nachts brach Anton, der damals wohl schon einen Winter in Brixen in diesem Heim gewesen war, von der

Bubenkammer auf. Im Schlaf. Er öffnete leise die Balkontür, trat hinaus in die Dunkelheit, tastete sich sechs, sieben Meter voran und stieg über die Blumenkästen hinüber zur Balkontür, hinter welcher die Eltern schliefen. Dort klopfte er zaghaft. Man kann sich den Schrecken der Mutter vorstellen, als sie öffnete und den kleinen Anton als Schlafwandler im Unterhemd auf dem schmalen Brett in der Dunkelheit stehen sah. Unter ihm fiel metertief der Abgrund über dem Steinhaufen ab. Anton ist vorher nie schlafgewandelt. Diese Gewohnheit muss er wohl aus Brixen, aus diesem Heim, mitgebracht haben.

Vater hat noch in derselben Nacht in der Bubenkammer die Griffe der Balkontür abmontiert, sodass niemand mehr hinaustreten konnte. Auch Anton hat in dieser Nacht wohl einen besonderen Schutzengel gehabt.

Wir wohnten nun also „modern". Wir hatten fließendes Wasser, eine weiß verputzte Küche mit einem weißen Rauchabzugsrohr, zwei Klosetts, eine Badewanne und einen Warmwasserboiler. Aber glücklicher als vorher wurden wir deswegen nicht, so glaube ich zumindest.

Übrigens, unser neues Wasserklosett wusste unsere Tante Rosa gar nicht zu schätzen. Vielleicht aber, und das ist wahrscheinlicher, war sie auch nur ein bisschen neidisch auf unsere modernen Errungenschaften. Auf jeden Fall machte sie einmal die Bemerkung, dass sie es total unhygienisch fände, die Notdurft im Inneren eines Hauses verrichten zu müssen.

Mutter und das Missverständnis mit Folgen

Ich stand mit meiner Mutter am Küchenfenster. Wir waren damals schon im neu umgebauten Haus und schauten hinaus. Da kamen zwei *Hearischa* über die Straße herauf, ein älteres deutsches Ehepaar. Er ein kleines Männlein, sie eine elendslange, dürre Stange und nicht gerade hübsch. Ich und Mutter haben herumgealbert. Mutter konnte manchmal lachen und scherzen wie ein junges Mädchen. Wir machten uns über das merkwürdige Ehepaar lustig: „Haahaa, wo hat denn die etwa das arme Männlein aufgegabelt, haahaa, zwei Köpfe größer als er, und sie sieht aus wie ein Pferd. Der arme Mann."

Mutter konnte sehr lustig und ausgelassen sein, aber auch spöttisch und zynisch. Manchmal war sie geradezu ein Lästermaul. Auf jeden Fall hat sie immer geradeheraus gesagt, was sie gedacht hat. Sie war sehr spontan, aber manchmal auch etwas unüberlegt. Das hatte oft gute, aber oft auch weniger gute Folgen. Falschheit kannte sie nicht, sie hat uns nie etwas vorgemacht, auch den anderen Leuten nicht. Dafür haben sie die meisten sehr gemocht.

Wir lachten also und alberten, lästerten, wie gesagt, über das Aussehen der Frau. Unsere Fröhlichkeit hinter dem Fenster muss wohl sehr ansteckend gewirkt haben, denn das deutsche Ehepaar sah uns und begann ebenfalls zu lächeln, uns zuzulachen, zu winken. Sie hatten natürlich gedacht, dass wir ihnen aus Höflichkeit zugelacht hätten. Und dann sahen wir mit einigem Schrecken, wie die zwei von der Straße abbogen und auf unsere Terrasse zusteuerten. Lachend stellten sie sich vor, und sie waren die nettesten Leute der Welt. Mutter und ich haben uns später für unser respektloses Benehmen sehr geschämt.

Sie kamen aus Hamburg, hatten als Kinder den Krieg überlebt und waren ein kinderloses Ehepaar. Wir unterhielten uns prächtig mit ihnen. Von da an kamen sie zweimal im Jahr in unser Dorf. Sie besuchten uns und brachten jedes Mal großzügige Geschenke mit. Besonders ich schien ihnen ans Herz gewachsen zu sein. Als sie einmal mein zeichnerisches Talent bemerkten, boten sie meinen Eltern an, mich mit nach Hamburg zu nehmen und vielleicht eine Architektin aus mir zu machen. Sie hätten mich sozusagen gerne adoptiert. Ich hätte bei ihnen wohnen können, und sie hätten meine Ausbildung bezahlt. Wenn meine Eltern einverstanden gewesen wären, mich noch ermuntert hätten, ich hätte mich wohl auf das Abenteuer eingelassen. Aber sie brachten es nicht übers Herz, mich ziehen zu lassen. Manchmal denke ich noch heute daran, was wohl in Hamburg aus mir geworden wäre …

Noch heute bin ich mit dem Ehepaar befreundet, wir schreiben und besuchen uns. Und dabei hat alles mit einem peinlichen Missverständnis angefangen.

Noch etwas zu Mutter. Wir fühlten uns von ihr immer behütet. Sie gab uns Sicherheit, Stolz und Geborgenheit, obwohl wir wenig Zärtlichkeit von ihr erfuhren. Übrigens auch von Vater nicht. Das war damals einfach nicht üblich, so weit ging man nicht. Man zeigte seine Gefühle nicht offen. Ich kann mich kaum daran erinnern, einmal in den Arm genommen worden zu sein, wenn ich Trost oder etwas körperliche Wärme gebraucht hätte. Das Verhältnis zu ihr war aber ganz natürlich und selbstverständlich. Auch brauchten wir nie, wie in anderen Familien üblich, unsere Eltern mit einem distanzierten „Sie" anzureden. Gott sei Dank nicht. Das war für mich unvorstellbar. Der gegenseitige Respekt war dennoch da, auch ohne förmliche Anrede. Unsere Eltern haben alles für uns getan. Das wenige, das sie hatten, teilten sie mit uns wie selbstverständlich und gerne.

Apropos, ich habe erzählt, wie spontan Mutter war. Da fällt mir ein, wie sie einmal in ihren jungen Jahren ein Reh geschossen hat. Das war zu einer Zeit, in der es noch keine Jägerinnen gab, nicht so wie heute.

Mutter wuchs auf einem der entlegensten Höfe hoch oben über dem nächsten Dorf auf. Ihre Brüder waren leidenschaftliche Jäger, ja, auch Wilderer. Bei ihr zu Hause drehte sich alles um die Jagd, und so kam es, dass auch Mutter einmal vom Jagdfieber ergriffen wurde. An einem Sonntag sah sie vom Stubenfenster aus auf der Wiese einen schönen Rehbock stehen. Kurzerhand riss Mutter ein Gewehr von der Wand, lud es und schoss vom geöffneten Fenster aus auf den Bock. Und siehe da, sie traf perfekt. Blattschuss. Mutters goldener Schuss hat sich natürlich herumgesprochen, und ihre Brüder waren mächtig stolz auf sie. Sie selbst war es natürlich am meisten.

Der missglückte Einstieg ins Gastgewerbe

Warum Vater auf den Gedanken gekommen ist, im Sommer in unserem Haus deutsche Jugendgruppen aufzunehmen, weiß ich nicht genau. Ich nehme aber an, der Grund war ein einfacher: Wir haben das Geld dringend gebraucht, um den Bankkredit zurückzahlen zu können.

Vater hatte Kontakte zu einem Reiseunternehmen namens „Bundschuh" geknüpft, welches jugendliche Gäste, vor allem Schulklassen, ins Tal brachte. Es war also eine beschlossene Sache: Eine Jugendgruppe des Caritas-Verbandes Essen, Jugendliche aus einem gewissen „Wilhelm-Becker-Heim" kommen im Sommer in unser Haus. Für einen ganzen Monat. Dreißig Mann, samt ihren Betreuern. Was das für ein Heim war, wussten wir damals noch nicht. Das sollten wir erst später, ziemlich leidvoll, erfahren …

Alles war also vorbereitet. Der Dachboden war ausgebaut, ein paar Duschen waren installiert worden. Mutter hatte Decken, Leintücher und Lebensmittel eingekauft, auch Geschirr. Die Gäste sollten eben alles inklusive erhalten: Wohnen und Essen, das ganze Programm. Franziska war im Winter vorher in der Kochschule gewesen und sollte Mutter beim Kochen unterstützen.

Vater hatte erfahren, dass der Besitzer eines Gasthauses ein paar Dörfer weiter die Zimmer neu einrichtete. Er schlug zu: Ich kann mich noch gut daran erinnern, wie eines Tages ein Lastwagen mit den vom Wirt ausgemusterten, von Vater billig erworbenen Möbeln bei uns vorfuhr. Es waren beige gestrichene Stockbetten samt Aluminiumrosten und dünnen, abgenutzten Matratzen. Wir stellten unser Haus damit voll. Die Stube und der Nebenraum mussten geräumt werden, denn sie wurden kurzerhand zu Frühstücks- und Esszimmern umfunktioniert. Das tat uns allen sehr weh, denn wir verloren dadurch unseren intimsten Rückzugs- und Aufenthaltsort. Unsere schöne *getäfelte* Stube, der zentrale Ort des Familienlebens, sollte nun durch die Deutschen „entweiht" werden, so kam es uns vor.

Wir drei Buben wurden in eine entlegene und dunkle Kammer verbannt, die wir unseren Gästen beim besten Willen nicht zumuten wollten und konnten. Aber es sollte ja nur für einen Monat sein, so trösteten wir uns. Uns allen war sehr, sehr mulmig zumute. Wer würde da kommen, was erwartete uns? Dass es mit unserem Frieden und der Beschaulichkeit vorbei sein würde, ahnten wir bereits. Die Stadt Essen lag im Ruhrgebiet, hatte Vater erklärt, in Deutschland, in einem Industriegebiet. Sie hätten genauso gut vom Mond kommen können, denn wir hatten keine Ahnung.

Apropos Mond, den hatten übrigens gerade erst im Jahre 1969 die Amerikaner betreten. Das hatten wir im Fernsehen gesehen, beim Nachbarn. Es gab damals noch wenige Fernseher im Dorf. Nur verwaschene, nichtssagende Bilder wurden da gezeigt, ein paar trübe Schatten geisterten herum. Ich weiß, wie enttäuscht ich war vom groß im Radio angekündigten Ereignis. Manche im Dorf glaubten nie und nimmer daran, dass es überhaupt möglich war, auf dem Mond zu landen. Vater wurde geradezu einmal ausgelacht, als er in einem Gasthaus begeistert vom bevorstehenden Ereignis erzählen wollte.

Zurück zu unseren Gästen. Ein riesiger Bus fuhr vor und hielt. Die Begrüßung überließen wir unseren Eltern. Franziska und Anna blieben in der Küche, wir Buben hatten uns ins *Futterhaus* verzogen und schauten aus einiger Entfernung, vom Stroh-*Söller* aus, dem Treiben zu.

Langhaarige Jugendliche, wohl fünfzehn, sechzehn Jahre alt, stiegen aus, seltsam gekleidet fanden wir, denn alle trugen komische blaue Hosen und eigenartige Schlabberhemden. Außerdem stiegen vier, fünf Betreuer aus, einige Frauen und langhaarige, bärtige Männer. Deutsche Jugendliche hatte es natürlich schon vorher im Dorf gegeben, aber in unserem Haus? Das war natürlich etwas ganz anderes. Und wie wir es geahnt hatten, mit der Ruhe war es vorbei! Die Nächte wurden lang und anstrengend, wir fanden alle nur wenig Schlaf. Regelmäßig wurden die Nächte durchgemacht. Laute Musik dröhnte durchs Haus, überall wurde getanzt, geküsst, gestreichelt, geraucht und getrunken. Die Jugendlichen und ihre Beschützer schliefen dann am Vormittag, wenn wir längst schon aus den Betten waren und arbeiten mussten.

Die Betreuer der Jugendlichen waren wohl Anhänger der sehr liberalen, ja antiautoritären Erziehung, also typische Vertreter der 1968er-Generation. Sie geboten dem bunten Treiben nur ganz selten Einhalt, und nur wenn die Heranwachsenden die letzten Regeln und Normen des gesellschaftlichen Zusammenlebens deutlich überschritten. Vater machte kein Auge mehr zu, auch aus Sorge um Haus und Hof, denn er hatte eine Gruppe jugendlicher Raucher auf dem Heustadel erwischt.

Unsere deutschen Gäste hatten anscheinend eine ganz andere Vorstellung von Ordnung, Sitte, Recht und Eigentum als wir. Da prallten zwei Welten aufeinander. Vater versuchte, die Betreuer vorsichtig auf gute Sitten und Anstand aufmerksam zu machen, doch er stieß großteils nur auf ungläubiges Unverständnis und taube Ohren. Ob wir denn noch hinter dem Mond lebten, sagte einmal ein Betreuer zu ihm. Alles sei öde und langweilig in unserem gottverlassenen Dorf, und im Geschäft gäbe es nicht einmal Kondome zu kaufen. In Deutschland sei wirklich alles ganz, ganz anders und natürlich alles viel, viel besser.

Die Klagen der Dorfbewohner gegen unsere „Gäste" begannen bereits am zweiten Tag. Ein Bauer beschwerte sich bei meinem Vater und behauptete, „unsere *Frotzn*", also unsere ungezogenen Kinder, hätten nicht etwa den Feldweg durch seine Wiese genommen, nein, sie wären schnurstracks durch seine Wiese gelaufen. Einfach mitten durch das Gras. Eine Ungeheuerlichkeit damals!

Ein Nachbarbauer behauptete allen Ernstes, er hätte gesehen, wie „insra deitschn *Frotzn*", wie er sich ausdrückte, seinen Kühen auf der Weide drei Glocken abgenommen und sie hätten mitgehen lassen. Das könne nicht sein, behauptete der langhaarige 1968er-Oberbetreuer gleichmütig. So was machten doch seine Schützlinge nicht. Erst als der Nachbar damit drohte, die *Carabinieri* einzuschalten, wenn er seine Glocken nicht sofort zurückbekäme, wurden die deutschen

Pädagogen aktiv und förderten die drei verschwundenen Glocken wieder zutage. Aus unserem Backofen übrigens, wo sie die Jugendlichen zwischengelagert hatten. Sie hatten sich wohl ein Souvenir aus den Alpen mit nach Hause nehmen wollen. Sie hätten sie doch nie und nimmer gestohlen, meinten sie, nur „ausgeliehen", „geborgt", und das sei ein großer Unterschied zu „stehlen".

„Geborgt" waren natürlich auch die Aschenbecher aus den Zügen der Deutschen Bundesbahn. Die Aufschrift bewies es. Die Jugendlichen hatten sie abmontiert und „ins Gebirge" mitgenommen. Nun waren sie in unserem Hause im Einsatz. „Wenn das der Willy Brandt wüsste", sagte Vater schmunzelnd zu einem Betreuer, doch er erntete dafür nur ein sehr müdes Lächeln. Ich fand das witzig, aber diese Deutschen hatten auch nicht ein klein bisschen Humor.

Was man denn so im Gebirge machen und erleben könne, fragten die deutschen „Aufpasser" einmal. Offensichtlich schienen sie von den immer gleichen Tages- und Nachtabläufen angeödet zu sein. Nun ja, man könnte die Natur genießen, beispielsweise auf eine Alm wandern, schlug Vater vor. Da könnte man doch gleich auf der Alm übernachten, im Heu, begeisterten sich die deutschen Sozialarbeiter und Pädagogen plötzlich in einem Anflug von Hyperaktivität.

Gesagt, getan! Vater hatte eine Almhütte im *Bärental* organisiert, auf der sie übernachten konnten. Der Besitzer hatte ein kleines Entgelt verlangt, das ihm die deutschen Pädagogen auch großmütig gewährten. Unsere neuen Decken wurden zu einem Bündel geschnürt. Proviant wurde eingepackt, und wir freuten uns beim Aufbruch endlich einmal auf eine ruhige Nacht. Wir schliefen friedlich und gut, in der Gewissheit, die Deutschen einmal für einen Tag und eine Nacht los zu sein. Wir atmeten auf. Doch der Frieden währte nicht lange …

Mutter bekam einen Schock, als unsere wackeren Almwanderer aus dem Gebirge zurückkehrten, hundemüde und blass. Offensichtlich hatten sie auch auf der Alm ihren gewohnten Rhythmus beibehalten, dem Feiern gefrönt und natürlich kein Auge zugetan. Doch wie sahen unsere neuen Decken aus? Voller Heu und klitschnass waren sie. Sie hatten die Bündel über die Abhänge hinunterrollen lassen, und sie waren im Bach gelandet. Außerdem stanken sie erbärmlich nach Stall und Heu.

Doch wer meint, das sei alles gewesen, höre gut zu. Noch am selben Abend kam der Almbesitzer zu Vater und bebte vor Zorn. „Die ganze Hütte, den Stall haben mir die Deutschen auf den Kopf gestellt. Ich musste um meinen Leib und mein Leben und auch um das der Tiere fürchten, und das Beste kommt jetzt: Sie haben mir eine Heu-*Schupfe* angezündet!" Da übertrieb er sicher, der Gute, von wegen um Leib und Leben fürchten. Aber Vater hat natürlich einen Riesenschrecken bekommen. Die deutschen Betreuer gaben den von den Jugendlichen verursachten Brand sofort zu, meinten aber, wir bräuchten uns doch nicht so aufzuregen. Schließlich seien sie gut versichert, und außerdem passiere halt mal was, wenn viele Jugendliche beisammen seien. Wir sollten von der Versicherung ordentlich Geld verlangen, sagten sie. Und damit war die Angelegenheit für sie anscheinend gegessen. Ein dickes Fell hatten sie, die deutschen Pädagogen, nichts brachte sie aus der Ruhe.

Apropos Geld verlangen. Das tat der Senner der Almhütte auch. Auch den Schaden an unserer Mühle bezahlte die deutsche Allianz-Versicherung anstandslos, allerdings erst nach einem Jahr. Die Jugendlichen waren unten am großen Bach auf unser Mühldach gestiegen und hatten es halb abgedeckt. Einfach so, zum Spaß. Die Dachbretter hatten sie dann in den Bach geworfen. Es hatte ihnen offensichtlich Spaß gemacht zuzuschauen, wie diese auf den Wellen davonritten. Die Allianz-Versicherung wird wohl mit dem „Wilhelm-Becker-Heim" in Essen keine Freude gehabt haben, und dieser Ausflug nach Südtirol hat sicher ihre Bilanzen nicht sonderlich günstig beeinflusst.

Auch der damalige Pfarrer sah sich genötigt, gegen die, seiner Meinung nach, um sich greifende Unmoral und den schleichenden Sittenverfall im Dorfe einzuschreiten. Einmal predigte er in der Kirche, dass er auf der Straße „fast nackt gekleidete Mädchen" gesehen habe, in kurzer Hose, und das sei ein großes „Ärgernis" und eine „abscheuliche Gefahr für den Seelenheil". So hat sich der Pfarrer damals wirklich ausgedrückt. Wenn er sehr nervös und aufgeregt war, neigte er leicht zum Stottern und zu Grammatikfehlern. Damals war es im Dorfe jedenfalls noch nicht üblich, dass ein Mädchen eine Hose trug, ganz zu schweigen von einer kurzen.

Man hat sich im Dorfe auch erzählt, der Pfarrer habe einmal mit einem Stock eine Gruppe deutscher Mädchen vertrieben, welche sich in der Nähe der Kirche, hinter einer Mauer verborgen und leicht bekleidet, gesonnt hatten. Ob das stimmt, weiß ich natürlich nicht. Auf jeden Fall sah der Pfarrer überall Gefahren für das Seelenheil seiner Schäfchen lauern, die sich, von den Deutschen schlecht beeinflusst, nun immer mehr gehen ließen. So hat er einmal einen jungen Bauern gerügt, welcher es in der Sommerhitze gewagt hatte, mit nacktem Oberkörper zu arbeiten. Der moralische Verfall färbte also auch auf die Einheimischen ab.

Auch wir Geschwister hatten wenig Freude mit unseren ersten Gästen. Uns Kinder behandelten die Jugendlichen aus Essen wie Luft und wir sie natürlich auch. Unsere Welten waren zu verschieden. Es gab ganz einfach keinen gemeinsamen Nenner, als dass wir hätten miteinander kommunizieren können. Das lag vielleicht auch daran, dass Anton und ich ein paar Jahre jünger waren als sie.

Ein langhaariger Junge namens Hagen bildete die Ausnahme. Er war sehr, sehr anhänglich und ständig hinter uns Buben her. Er half uns beim Heumachen und beim Ausmisten. Ein paar Jahre später ist er ganz überraschend bei uns wieder aufgetaucht. Er war aus dem Heim getürmt und hatte beschlossen, uns ganz spontan zu besuchen. Wir haben uns ehrlich gefreut. Was aus Hagen heute geworden ist, weiß ich allerdings nicht, leider. Ich hoffe, er hat seinen Weg gefunden.

Mit dem „Wilhelm-Becker-Heim" wollten meine Eltern verständlicherweise nie wieder etwas zu tun haben. Erst recht nicht, als ihnen später der Caritas-Beauftragte der Stadt verraten hat, dass das „Wilhelm-Becker-Heim" eine Anstalt für „schwer erziehbare Jugendliche" war. Trotz der katastrophalen ersten Begegnung mit deutschen Jugendgruppen haben wir die Flinte nicht ins Korn geworfen. Aufgeben ist unsere Sache nicht. Das haben uns die Eltern vorgelebt.

Und tatsächlich haben wir nie wieder solch schlimme Erfahrungen machen müssen. Im nächsten Sommer hatten wir schon zwei Monate lang Gäste, und später, in den frühen 1970er Jahren, eröffnete im Nachbardorf ein Skigebiet. Wir beschlossen, uns auch noch auf den Wintertourismus einzustellen.

Die deutschen Mädchen

Wir begannen uns also, an die Deutschen zu gewöhnen. Als Anton seinen Heimschock überwunden hatte, auch die Unsicherheit und Schüchternheit mit sechzehn, siebzehn Jahren, lange nach dem Beginn der Pubertät, begannen er und ich die Reize des weiblichen Geschlechts und die deutschen Mädchen zu entdecken. Auf einmal, das kam fast über Nacht, hatten wir unsere helle Freude mit ihnen. Wir waren oft verliebt und die Herzen der hübschesten Mädchen flogen uns zu. Ohne viel Zutun, auch deshalb, weil wir ja auch recht „hübsche Jungs" waren, wie uns die Mädchen oft versicherten. Die ersten Erfahrungen mit dem weiblichen Geschlecht waren schön und unschuldig. Ich erinnere mich noch heute gerne daran zurück. Wir umarmten und küssten uns, hielten Händchen, litten beim Abschied Höllenqualen, hatten Liebeskummer, schrieben Briefe und warteten wochenlang sehnsüchtig auf die Antwort. SMS und E-Mails gab es damals ja noch lange nicht. Dann vergaßen wir die Mädchen wieder, denn es kamen ja wieder neue …

Auch Mutter, nicht nur der Pfarrer, fürchtete offensichtlich um unser Seelenheil. Sie glaubte, die deutschen Mädchen würden uns verderben, daher wachte sie eifersüchtig über uns. Sie wollte aufpassen, dass nicht zu viel passierte. Ich kann mich noch daran erinnern, wie sie mich einmal beim Küssen und Umarmen eines dunkelhaarigen hübschen Mädchens auf der Hausbank erwischt hat. Sie hat uns dann beide zornig vertrieben. Nur genützt hat das nicht viel, denn schließlich war man ja nicht blöd. Es gab durchaus auch andere Treffpunkte als nur die Sitzbank vor dem Haus.

Leider bekamen wir bald Konkurrenten aus dem Dorf, Jungen, die ebenfalls die deutschen Mädchen entdeckt hatten und mit ihren Mofas an unserem Haus vorfuhren. Es hieß, die deutschen Mädels seien viel abenteuerlustiger und aufgeschlossener als die einheimischen Mädchen, auch offener und freizügiger. Da war wirklich was dran. Die einheimischen Mädchen waren natürlich stinkbeleidigt mit uns. Zu Recht!

Die deutschen Jungen, die mit waren, waren natürlich auch eifersüchtig auf uns. Um sie noch zusätzlich zu ärgern, forderten wir sie oft auch noch zu einem Fußballspiel heraus. Dieses fand dann auf einem Sandplatz auf der *Gisse*, in der Nähe eines Seitenbaches, statt. Vorher war da eine wilde Mülldeponie gewesen, ein tiefes Loch. Aber das hatte mit der Zeit so zum Himmel gestunken, und es hatte immer wieder dort gebrannt, sodass es die Gemeindeverwaltung geschlossen und zugeschüttet hat. Schade, denn dort hatten wir oft im Feuer Spraydosen in die Luft gesprengt und allerhand interessante Sachen im Müll gefunden.

Müll, das war früher nie ein Problem gewesen, denn Müll hatte es kaum gegeben, bis die *Hearischn* mit ihren neuen Bedürfnissen gekommen waren. Vorher hatten wir zweimal im Jahr einen Korb voll Dosen und Flaschen von der Achner-Brücke aus in den Bach geworfen. So einfach war das gewesen. Heute wäre das natürlich ein Skandal, ein Umweltverbrechen. Aber damals war das ganz normal. Das taten alle.

Aber zurück zu unserem Fußballspiel mit den „Deitschn". Siehe da, die Mädchen unterstützten nicht etwa ihre Jungs, sondern uns, die Dorfjungen. Der Reiz des Exotischen muss sie wohl für uns begeistert haben. Ich, der ich mit Fußball doch wirklich wenig am Hut hatte, legte mich bei diesen Spielen mächtig ins Zeug. Die jubelnden deutschen Mädchen gaben mir einen ungeheuren Motivationsschub, und ich wurde sogar ein recht passabler Mittelfeldspieler. Später, als die deutschen Mädchen weniger interessant waren, habe ich meine sportlichen Aktivitäten wieder erheblich gedrosselt.

Abschied

Die Tage waren schon kühl geworden, Ende September, obwohl die Sonne noch gleißend vom stahlblauen Himmel strahlte. Aber sie hatte ihre Kraft verloren. Der Vater hatte Reiser von den Eschen gehackt, welche in den damals noch zahlreichen Feldmauern standen. Anna, Anton und Klaus standen beieinander und zupften Eschenlaub für das Vieh.

„Wir werden dir oft schreiben und an dich denken, Anton", sagte Anna leise. Anton nickte und konnte seinen Geschwistern nicht in die Augen schauen. Die Bedrücktheit lag wie dichter Nebel über ihnen, welcher jegliche Fröhlichkeit und Lebendigkeit verschluckte. Anton war unendlich schwer ums Herz, wie gelähmt war er. Morgen war es so weit, er sollte also weg von zu Hause und lange, lange nicht mehr kommen, erst zu Allerheiligen wieder.

Der kleine braune Pappkoffer stand gepackt da. Mutter hatte alles vorbereitet und auf die Wäsche die vorgeschriebene Nummer genäht. Vater hatte diese Nummer in Bruneck auf einem Endlosbändchen, von welchem man abschneiden und dann aufnähen konnte, besorgen müssen. Dazu einen Toilettenbeutel, Schuhputzzeug, Unterwäsche, zwei Hosen, zwei Pullover, eine Jacke, so wie vorgeschrieben. Alles war hergerichtet, alles stand bereit. Je näher der Tag rückte, an dem Anton mit Vater fort sollte, desto unsicherer, ängstlicher und schwerer ums Herz war ihm geworden. Was würde ihn in dieser Stadt, in welcher er noch nie gewesen war, erwarten? Er wagte nicht, jemandem von seiner Angst zu erzählen. Hätte er sich bei seinen Eltern ausweinen sollen? Hätte er ihnen sagen können, dass er nicht mehr fort wollte, seinen Eltern, welche bereit waren, so große Opfer für ihn zu bringen? Nein! Was hätte es geholfen, sich bei seinen Geschwistern auszuweinen? Sie auch noch belasten? Er wusste, dass sie schon jetzt mit ihm litten.

Im Frühjahr war ein Missionar ins Haus gekommen. Er sei beim Pfarrer gewesen, sagte er. Dieser hätte ihm erzählt, da wäre ein Bub, der Anton, und der sei talentiert und recht gut in der Schule. Ob der nicht nach Brixen kommen wolle, ins Heim. Dort könne er die Mittelschule und die Oberschule besuchen. Dann sehe man weiter, was Gott mit ihm vorhabe. Er sei dort bestens aufgehoben. Jetzt kämen seine „dummen Jahre", die Pubertät. Doch sie könnten sicher sein, dass ihr Bub diese schwierige Zeit im Heim bestens überstehen würde und dass er sicher und beschützt sei.

Seine Eltern hatten ihn ernst und fragend angeschaut, auch ein bisschen stolz, und sie hatten schließlich für ihn genickt. Was hätte er denn selbst sagen können, was hätte er entscheiden sollen mit seinen zehn Jahren?

Der Missionsorden würde für einen Teil der finanziellen Spesen aufkommen, sagte der Missionar, das Elternhaus müsste nur den Rest bezahlen. Und dann nannte der Missionar die Summe, die Anton schwindlig machte. Eine unvorstellbare Summe war da im Monat von seinen Eltern zu entrichten, so kam ihm jedenfalls vor. Vater und Mutter hatten ein bisschen geschluckt, sich ernst angeschaut, und schließlich hatten sie stumm genickt. Sie wollten natürlich nur das Beste für ihren Sohn.

Nach einer bangen, fast schlaflosen Nacht war der Morgen viel zu schnell gekommen. Das Frühstück wollte nicht schmecken. Vater stand schon mit dem Köfferchen bereit da. Anton hatte sich die besten Kleider angezogen. Es war Zeit. Mutter tauchte noch einen Finger in das *Weihbrunn*-Krüglein und machte ihm ein Kreuzzeichen auf seine Stirn. Dann wandte sie sich stumm und traurig ab. In ihren Augen standen die Tränen. Auch die Geschwister standen stumm und hilflos da. Ein Händedruck oder gar eine Umarmung hätten alles nur noch schlimmer gemacht.

An der Postauto-Haltestelle kam ein weiterer Junge aus dem Dorfe dazu, auch er kam mit Vater und Köfferchen. Für einen Moment wurde Anton etwas leichter ums Herz, doch der andere Junge sah keineswegs ermunternd oder Trost versprechend aus. Wenigstens war Anton nicht ganz allein.

Das Postauto kam, fuhr weg, und dann erreichten sie die Stadt Bruneck. Schnell zum Zugbahnhof! Anton war noch nie weiter weg gewesen, geschweige denn mit einem Zug gefahren. Doch auch die Zugfahrt konnte ihn nicht aufmuntern. Die Landschaft zog vorbei, die Räder ratterten über die Geleise. Franzensfeste, Brixen, der Bahnhof. Aussteigen. Vater marschierte voraus, über eine lange Straße hinunter, das Köfferchen mit sich tragend, Anton hintendrein. Bahnhofsstraße. Sie gingen an einem ausgedehnten Grundstück entlang, das von hohen Mauern umgeben war. Diese waren zum Teil mit Efeu bewachsen und mit eisernen Zacken bewehrt. Dahinter erhob sich ein großes Gebäude mit hohen Dacherkern und vielen, vielen Rundbogenfenstern. Einige Nebengebäude standen da, wie angeklebt am Hauptgebäude, eines davon war turmartig. Vom Turm zeigte ein Kreuz in den Himmel. Vor dem Hauptgebäude standen riesige Nussbäume. In einiger Entfernung ragten die Doppeltürme des Doms empor.

Der Vater fand das Eingangsgatter in der Mauer. Eine steinerne Treppe führte hinunter auf den gepflasterten Gehweg, der zum Eingang führte. Rosenbüsche. Rechts neben dem Weg Obstbäume, ein Gemüsegarten.

Sie waren da. Niemand kümmerte sich um sie. Hilflos standen sie da. Auch andere Jungen standen da, frisch geschoren, stumm, mit ihren Vätern, ebenfalls ein Köfferchen in der Hand. Gedrückte Stille, niemand traute sich anscheinend, laut zu reden. Endlich führte sie ein ganz in Schwarz gekleideter Herr über ein breites, finsteres Treppenhaus hinauf in einen riesigen Schlafsaal. Da standen in Reih und Glied die Betten, wohl an die vierzig, in vier Reihen, dazwischen immer ein gut mannshoher, schmaler Kasten. Dann hieß es, das Köfferchen auspacken und die Wäsche ordentlich in den Schrank räumen. Mutter hatte ein Paket Johannisbeer-Traubenzucker in einen Hausschuh gesteckt. Da kamen Anton plötzlich die Tränen. Sein Vater wusste nicht, was er sagen sollte. Sie gingen wieder hinunter auf den Hof, und dann hieß es plötzlich, Abschied zu nehmen. Der Vater war sehr, sehr verlegen und wusste wieder nicht, was er tun oder sagen sollte. Auch Anton fand keine Worte. Ein scheuer Händedruck, ein Kreuzzeichen auf die Stirn, dann wandte sich der Vater ab und ging. Anton war allein.

In Klausur

Tagtäglich ging man dieselben Wege. Die dunklen Treppen auf und ab, in den Schlafsaal, in die Kapelle, über den langen Gang zum Speisesaal. Da standen riesige Schaukästen, welche bis an die hohe Decke hinaufreichten. Die ausgestellten Stücke hatten wohl Missionare mitgebracht, in der Absicht, in uns Heimzöglingen die Sehnsucht nach fernen Ländern und exotischen Kulturen zu wecken. Sie sollten wohl auch für das „Abenteuer" des Missionarsberufes werben und uns begeistern. Da lagen Speere, Schilde, Trommeln und Macheten, aber auch weniger kriegerische Ausstellungsstücke wie etwa Schmuck, geflochtene Körbe, Gebrauchsgegenstände, Muscheln und allerlei Dekoratives. In hohen Gläsern schwammen in einer gelblichen Flüssigkeit exotische Fische, Schlangen, Skorpione und andere giftige Tiere. Besonders fasziniert hat mich ein ausgestopfter Mungo mit gefletschten Zähnen, um den sich eine Würgeschlange, vielleicht war es sogar eine Königskobra, geschlungen hatte. Ihr Kopf mit dem weit aufgerissenen Maul und den zurückgebogenen Giftzähnen schwebte über dem Mungo und schien jeden Augenblick zuzustoßen. Eine Büste einer stolzen, tätowierten Frau aus schwarzem Ebenholz wölbte ihre vollen Lippen. Sie schaute keck in die Gegend und zeigte lasziv-selbstbewusst ihre halbschalenförmigen, glänzenden Brüste mit den lustig hervorstehenden Nippeln. Später, als ich etwa dreizehn oder vierzehn Jahre alt war, begann diese Skulptur, meine pubertären Fantasien zu beflügeln. Liefen in Afrika etwa alle Frauen so herum? Kamen die Missionare in Afrika etwa ständig mit solchen Frauen in Kontakt? Das waren ja verlockende Aussichten. Hatten Missionare etwa auch menschliche Bedürfnisse, fragte ich mich später ketzerisch und schämte mich gleich ein bisschen dafür.

Alles war streng reglementiert: der Tagesablauf, die Essens- und Studierzeiten. Sogar die Freizeit war geregelt. Nach dem Aufstehen ging es in den Waschraum zum Waschen und Zähneputzen, zum Morgengebet in die Kapelle und dann zum kargen Frühstück in den großen Speisesaal. Alles geschah unter den Augen eines mehr oder weniger gestrengen Präfekten. Dann mussten wir zwanzig Minuten zu Fuß in die Stadt gehen, in die Mittelschule. Jahrein, jahraus, immer den gleichen Weg. Zurück zum Mittagessen, Studierzeit in einem riesigen Saal mit Pulten in Reih und Glied. Wenn man die Hausaufgaben fertig hatte, durfte man lesen. Dann gab es ein paar Stunden Freizeit. Viele stürmten zum Fußballspielen. Mich hat dieser Sport nie sonderlich interessiert, ich las lieber. Calcetto, Tischtennis. Abendessen, Abendgebet, Schlafengehen.

Es gab immer die gleichen Speisenfolgen, man wusste, Tag für Tag, was es geben würde. Am Dienstag und am Freitag gab es Knödel und Salat, selten Leberknödel, dazwischen Gebackenes, die *Nigilan*, die kleinen Germteigbällchen mit Apfelmus, Leberkäse, Kartoffeln mit Polenta. Seltener und ein Höhepunkt: Gulasch mit Reis. Am Abend aßen wir oft Übriggebliebenes und Aufgewärmtes, Tee, Brot, *Mortadella* und komisch schmeckende, gummiartige Käseecken. Meistens hat mir das Essen geschmeckt. Ich war ja nicht verwöhnt.

Dann kamen der Abend und das Heimweh. Ich lag im ungewohnten durchhängenden Bett, nur eine Decke gab es zum Zudecken. Es herrschte eiserne Disziplin. Licht aus! Ein Präfekt patrouillierte Brevier betend durch die langen Bettgassen. Wenn er sich entfernte, war ein kurzes Flüstern mit dem Bettnachbarn möglich. Dann herrschte wieder bleiernes Schweigen, wenn sich seine Schritte näherten. Ich vermisste mein schweres Federbett, die Geborgenheit von Mutters Anwesenheit und ihre *Weihbrunn*-Tropfen auf der Stirn vor dem Schlafengehen. Ich vermisste meinen Vater, welcher am Abend noch oft über den *Volksboten* gebeugt in der Stube lesend dasaß, meine Geschwister, unsere Katze, die Kälbchen im Stall … alles, alles. Es gab kein Telefon. Ganz, ganz selten nur kam ein Brief von zu Hause.

Warum musste ich da sein, warum nur? Ich zählte die Tage, bis ich endlich heimfahren durfte, zu allen „heiligen Zeiten" nur – zu Allerheiligen, Weihnachten und Ostern.

Ich wurde zum Bettnässer, zumindest ein paar Mal passierte mir dieses Malheur, und ich schämte mich schrecklich dafür vor meinen Kameraden. Zu Hause war mir das nie passiert. Im Schlaf schrie ich öfters auf, wälzte mich, fuhr hoch. Ich wurde zum Schlafwandler und irrte ein paar Mal nachts durch den riesigen dunklen Schlafsaal. Dann erwachte ich irgendwo. Einmal fand ich mein Bett nicht mehr und tastete mich verzweifelt herum, bis ich im Waschraum erwachte und endlich die Orientierung wiederfand.

Ich muss blass und dünn geworden sein, aber weniger vom Essen nehme ich an. Mein runder, rotgesichtiger Onkel Hans, der ein ausgewiesener Feinschmecker und Genießer war, kam bei uns zu Hause immer wieder gerne zu Besuch. Dann musterte er mich stets von Kopf bis Fuß und sagte mitleidig: „Du bist ja dünn wie ein Strich geworden, mein armer Junge." Und ich musste ihm erklären, was es denn da so zu essen gäbe im Heim. „Oh diese Heimkost, oh diese Heimkost!", sagte er dann mitleidig und sein Gesicht verziehend. Er schüttelte immer wieder den Kopf und schnitt eine Grimasse, während ich ihm die Speisenfolgen im Heim schilderte. Dann wandte er sich wieder schmatzend seinem Wein zu. Wir Kinder haben uns immer köstlich über Onkel Hans amüsiert. Denn dieser trank den Wein nicht, nein er fraß ihn geradezu. Er setzte das Glas an, schlürfte saugend, rollte den Schluck im Mund hin und her und schluckte dann endlich. Nach einem lang gezogenen „Aaaaaaaah" schmatzte er, gewiss fünf-, sechsmal laut und geräuschvoll und zog ein mehr oder minder zufriedenes Gesicht. Meistens machte er aber ein eher minder zufriedenes, denn richtig guten Wein konnte sich Vater beim besten Willen nicht leisten.

Zurück zum Heimleben. Am Sonntag durften wir zum Messbesuch in die Stadt gehen, in den altehrwürdigen Dom. Das war immer ein sehr willkommenes Ereignis. Es war ein erhebendes Gefühl im weitläufigen barocken Dom zu sitzen und die bunten Marmorwerke und das riesige Deckenfresko von Paul Troger zu betrachten. Besonders imponierte mir das Brausen der Orgel. Dann ging es zurück durch die Gassen der

Altstadt, vorbei am Finsterwirt und durch die „Stinkgasse". Wir nannten sie so, denn in dieser Gasse gab es ein Käsegeschäft, aus dem, besonders im Sommer, nicht sehr angenehme Gerüche strömten.

Ich kann mich noch an einige Sonntagsspaziergänge hinauf zum Tschötscher Bödele erinnern, unter der Führung eines Präfekten natürlich und im Gänsemarsch, in Reih und Glied. Doch diese Wanderungen waren derart unbeliebt, ja verhasst, dass wir sie einfach durch passiven Widerstand boykottiert haben.

Aufklärungsunterricht und die „Sexzelle"

Einige Male hatten wir am Sonntag so eine Art Aufklärungsunterricht durch einen besonders vornehmen geistlichen Würdenträger. Es hieß, ein ganz besonderer Herr würde sich Zeit für uns nehmen. Dann kam er, der Herr Hohenberger. Allein schon der Name, nomen est omen! Er war ein würdig aussehender, in feinstes schwarzes Tuch gehüllter, geistlicher Herr mit grau melierten Haaren und weißem Stehkragen. Seine dunkle Stimme schien aus Samt zu sein. Doch was predigte er da uns armen Bauernkindern, die wir etwa zwölf, dreizehn Jahre alt waren? Ja, es käme eine schwierige Zeit für uns Knaben, eine unruhige Zeit. Wir seien großen Gefahren ausgesetzt, an Leib und Seele. Die Gefahren lauerten überall, die Versuchung, ja der Teufel. Dieser könne in vielerlei Gestalt auftreten, in Büchern, in Filmen, in „Schundheften". Nur unsere innere Stimme, das Gewissen, würde uns vor diesen Gefahren warnen, und helfen würde uns nur die Keuschheit, die Beichte, das Gebet. Der Verführer würde immer und überall lauern. „Seid wachsam!", predigte er. Das Böse könne sogar in der Gestalt eines schönen Mädchens auftreten. Ein Zungenkuss sei besonders schlimm, fuhr er getragen und dramatisch fort, denn dann würde man jede Haltung und Fassung verlieren. Ein Zungenkuss sei eine sehr schwere Sünde, ja eine Todsünde. Wir horchten auf: Zungenkuss? Was zum Teufel sollte denn das sein, fragten wir uns. Wir hatten zwar schon Küsse gesehen. Im Fernsehen und in den alten italienischen

Western, die ein Missionar von Trient heraufbrachte und in einem großen Saal mit einem altertümlichen Apparat abspielte. Da wurde viel geschossen und geprügelt, und die Guten siegten immer. Manchmal wurde auch ein bisschen geküsst. Aber da berührten sich doch nur die Lippen von Mann und Frau. Was sollte denn da die Zunge? Ein Zungenkuss? Das war doch ekelhaft! Wir verstanden nur Bahnhof.

Aufgeklärt hat uns später die Zeitschrift „Bravo", die natürlich ein „Schundheft" und offiziell durch die Heimleitung strengstens verboten worden war. Aber dennoch ging sie, unter der Hand, in Atlanten und Büchern versteckt, von Hand zu Hand. Jeder von uns war einmal dran, sie jede Woche mit seinem spärlichen Taschengeld zu kaufen. So erfuhren wir von Dr. Sommer von den Unterschieden zwischen Jungen und Mädchen und über die Sexualität und die Liebe. Missionar Hohenberger, der Herr mit der samtenen Stimme und der schwammigen, nebulösen Rhetorik, hat in dieser Sache auf jeden Fall wenig zu unserer Aufklärung beitragen können. Wir handelten nach dem Motto: „Hilf dir selbst, dann hilft dir Gott!"

Die Sache mit dem Sex interessierte uns auf jeden Fall immer brennender. Manchen anscheinend sehr brennend. Ein Mitschüler hat damals nämlich unten in einer „Zelle" eine sogenannte „Sexzelle" eingerichtet. „Zellen" nannte man die winzig kleinen, dunklen Räume unten im tiefsten Keller des Heimes. In den Zellen war ansonsten nur ein kleines Geschäft, in dem man alle Schulsachen einkaufen konnte, eine Bibliothek, ein paar Proberäume und der Verpackungsraum des „Missionsboten" untergebracht. Dies war die Zeitschrift des Ordens, die man den Familien zuschickte. Andere Zellen waren leer oder mit altem Gerümpel vollgepackt. In der „Sexzelle" hingegen konnten Eingeweihte und Insider gegen ein paar Lire Eintritt ein Album voller Bilder von nackten Frauen, manchmal auch noch bedeutend Gewagteres, betrachten. Mein Mitschüler war ein Hoteliersohn aus dem Gadertal, und er hatte die pikanten Bilder wohl von zu Hause mitgebracht. Die Ladiner waren schon immer geschäftstüchtig. Die Sache war natürlich der Renner, der „Burner" würde die heutige Jugend sagen. Aber leider nicht lange. Denn die Sache mit der „Sexzelle" hatte einen Haken: Wenn zu viele von einer Sache wissen, bleibt sie oft nicht lange geheim. So flog eines Tages alles auf. Mein armer Mitschüler wurde von einem Tag auf den anderen mit Schimpf und Schande nach Hause geschickt.

Das konnte unseren Forscherdrang in Sachen Sex allerdings nur wenig und nur kurzfristig einbremsen. Später, in der Oberschule haben mich einige ältere Mitschüler am Sonntag oft mit ins Kino genommen. Ins Astra-Kino, ich glaube es steht heute noch. Es ist ein alter, schon damals heruntergekommener, avantgardistischer, runder Bau aus der Zeit des Faschismus. Da liefen dann Softpornos. Ich kann mich noch an einige Titel erinnern: „Bohr weiter Kumpel", „Sechs Schwedinnen im Dirndlrock" und „Die Jungfrauen von Bumshausen" lauteten die aussagekräftigen Titel. Aus heutiger Sicht waren das lächerliche, dumme und kindische Filme. Aber damals dachte ich, das Erwachsenenleben könnte ja lustig werden. Wahrscheinlich habe ich schon damals meine Missionarspläne – wenn ich sie denn je gehabt hatte – wohl endgültig ad acta gelegt. Allen Gerüchten zum Trotz, denn im Dorf war schon geredet und behauptet worden, der Anton würde Priester, Pater oder gar Missionar. Und einmal hat mich eine alte Frau gefragt, wo ich denn jetzt angelangt sei: beim Studieren der heiligen Messe, bei der Predigt oder gar schon bei der Kommunion?

Ja, frühere Generationen von Heimschülern waren in diese Zwangsmühlen geraten, in den riesigen Druck der Erwartungen des Elternhauses, des Dorfes und der Heimleitung. Viele sind dann dem Druck nicht mehr entkommen und sind tatsächlich Priester geworden. Bis sie später eine Frau kennenlernten und dem Priesterberuf den Rücken kehrten. Ich kenne viele Fälle, auch einige aus meinem Dorf.

Nein, den Plan Priester oder Missionar zu werden, hatte ich nie. Ja, eine Zeit lang hatte ich geradezu Angst, ich würde eines Tages den Ruf Gottes hören und müsste ihm folgen. So hatten uns die Geistlichen des Heimes gesagt: „Eines Tages wirst du den Ruf Gottes hören, und dann musst du ihm folgen!" Zum Glück habe ich diesen Ruf nie vernommen. Die Zeiten hatten sich in den 1970er Jahren doch etwas geändert. Zum Glück hielt ich dem Druck stand, denn die Sache mit dem Missionarwerden und vor allem dem Missionarbleiben wäre wohl schiefgegangen. Ich hätte mich selbst und meine Eltern nur unglücklich gemacht.

Bischof und der *Potschn*-Krimi

Wir Mittelschüler hatten einen Präfekten, den Bischof, einen Österreicher. Er war natürlich nicht wirklich ein Bischof, er hieß nur so. Der Titel „Präfekt" kommt übrigens vom Lateinischen „praefectus" und heißt Vorsteher. Die Präfekten waren unsere Erzieher, und sie sollten uns in der Freizeit und bei der Erledigung der Hausaufgaben unterstützen. Bischof war ein junger Pater, ein Ordenspriester. Er trug einen Vollbart und war ein sanfter, etwas unbeholfener Riese. Vom Äußerlichen her war er eine imposante Erscheinung, und aus der Ferne hätte man meinen können, er wäre die Autorität in Person. Dem war aber ganz und gar nicht so. Das haben wir sehr schnell herausgefunden. Etwas in seinem Blick und in seinem Wesen war zu sanft und unsicher. Schon bei seinem ersten Auftritt wurde uns das klar. Wenn er durch die Bettgassen patrouillierte, auch Brevier betend wie alle Präfekten vor ihm, trat nicht etwa Stille ein. Da hüpfte einer aus dem Bett und dort einer. Bischof wurde von uns sofort auf Herz und Nieren getestet. Und er bestand den Test nicht. Bald liefen alle durch den Schlafsaal, wild durcheinander, und Bischof hinterher. Chaos brach aus. Einige sprangen von den Kästen aufs Bett, dass die Federn nur so aufjaulten. Wenn das Licht aus war, blitzte bald da eine Taschenlampe auf und bald dort. Bischof wurde angst und bange, und er wusste sich nicht mehr zu helfen mit uns. Er bat uns, flehte uns an, doch endlich Ruhe zu geben, allein vergeblich. Es kehrte erst Ruhe ein, nachdem er den Präfekten der Oberstufe zu Hilfe gerufen hatte. Ihm gehorchten wir aufs Wort.

Eines Tages entdeckte Bischof den schmutzigen Abdruck eines *Potschn*, also eines Pantoffels, auf dem Oberboden des Spielsaales im Keller. Welch ein Skandal! Anstatt dass er großzügig darüber hinweggesehen hätte, also getan hätte, als wäre da nichts, machte Bischof einen Riesenwirbel um diesen Abdruck. Er glaubte wohl, auf diese Art und Weise seinen Autoritätsverlust bei uns wieder wettmachen zu müssen oder zu können. Er rief uns alle zusammen, zeigte auf den Pantoffelabdruck an der Decke, und fragte uns mit strenger Miene, wer das gewesen sei. Natürlich hat sich niemand gemeldet. Das würde noch sehr ernste Konsequenzen haben, drohte Bischof, er würde uns den Ausgang streichen und die Freizeit, wenn sich der Täter nicht umgehend bei ihm melde. Das tat der aber nicht. Einige Stunden standen wir schweigend da, wir hätten normalerweise schon längst im Bett sein müssen. Bischof standen die Schweißperlen auf der Stirn. Es war gewiss schon elf Uhr, als er uns endlich gehen lassen musste.

Am nächsten Tag mussten wir uns wieder unter dem Abdruck versammeln. Bischof setzte seine strengste Miene auf. Er hatte offensichtlich eine neue Strategie entwickelt. Er habe die Spur genau mit einer Lupe untersucht, sagte er, und er sei zu der Erkenntnis gekommen, dass der Abdruck von einem Pantoffel der Größe 38 oder 39 stamme. Und zwar sei es der Pantoffelabdruck von einem linken Fuß. Alle Schüler mit kleineren und auch größeren Füßen dürften jetzt gehen. Einige atmeten auf, grinsten und gingen. Aber es blieb immer noch ein möglicher „Täterkreis" von etwa 15 Buben übrig. Ich war auch unter den Verdächtigen, hatte aber wirklich keine Ahnung, wer der *Potschn*-Werfer gewesen war. „Wer von euch war es?", fragte Bischof wieder mit aufgesetzt eisiger Miene und sah uns durchdringend an. Betretene Stille. Der Präfekt hatte sich seinen nächsten Schritt offensichtlich gut überlegt. „Alle geben jetzt sofort den linken Pantoffel ab!" Und darauf: Er gebe dem „Täter" noch eine allerletzte Chance, sich zu melden. Natürlich meldete sich wieder keiner.

Der nächste Tag. Noch immer hatte sich kein „Täter" gemeldet. Bischof war offensichtlich ganz unwohl in seiner Haut. Kleinlaut gab er uns unseren Hausschuh zurück, sagte gar nichts mehr und ließ uns gehen. Er hatte als *Potschn*-Kommissar gründlich versagt. Wie hätte er auch etwas herausfinden sollen? Die meisten Pantoffeln wiesen natürlich kein Profil auf, dessen Abdruck man hätte untersuchen können. Der Fall ist unaufgeklärt geblieben und ist inzwischen wohl auch archiviert worden.

Bischof war nicht mehr lange bei uns. Man hat ihn wohl in einen anderen Tätigkeitsbereich versetzt. Als Präfekt und Erzieher war er jedenfalls grandios gescheitert. Wir bekamen einen neuen. Hätten wir doch nur den sanften Riesen Bischof behalten dürfen.

Hilflos ausgeliefert!

Der Neue war ein großer, hagerer Mann mit grau melierten Haaren und markanten Gesichtszügen. Er war sicher ein schöner Mann, und die Frauen wären ihm wohl zu Füßen gelegen. Aber leider haben ihn Frauen höchstwahrscheinlich nie interessiert, er hatte ganz offensichtlich ganz andere sexuelle Präferenzen.

Auch er patrouillierte abends, Brevier lesend, durch den Schlafsaal. Doch er ging nicht einfach. Er stolzierte wie ein Gockel, kerzengerade, war immer ganz in Schwarz gekleidet, und trug einen weißen Stehkragen. Niemand wagte es, seine Autorität infrage zu stellen. Von Anfang an hatte er das Heft sicher in der Hand.

Samstags war Duschzeit, und es kehrten nun neue Sitten ein. Nach dem Duschen mussten wir Buben in Unterhosen und mit nacktem Oberkörper in Reih und Glied vor ihm antreten. Der Neue schritt die Reihe ab und musterte uns, kalt lächelnd. Da und dort rubbelte er an einem Arm oder an einem Oberschenkel, inspizierte die abgeriebenen Hautnudeln zwischen seinen Fingern und schickte manche von uns erneut zum Duschen. Daraufhin mussten wir wieder zur Leibesvisitation antreten. Und er rieb wieder, manchmal so lange, bis sich auf der Haut rote Flecken bildeten. Aber nur bei der Rubbelei blieb es leider nicht.

Eines Abends, ich lag schon im Bett, rief er mich auf sein Zimmer. „Was will er?", dachte ich erschrocken. Schüchtern trat ich ein, und er hieß mich neben ihm auf sein Bett setzen. Ich bräuchte keine Angst vor ihm zu haben, erklärte er. Im Gegenteil. Er redete leise und eindringlich auf mich ein. Ob ich mich im Heim wohlfühlte, ob ich Heimweh hätte, meine Eltern und Geschwister vermissen würde? Zögernd und mit Tränen in den Augen bejahte ich. Er seufzte. Auch er würde sich manchmal sehr allein fühlen. Wir müssten nur zusammenhalten, und dann würde alles gut. Er würde immer für mich da sein und mich beschützen, dabei legte er seinen Arm um mich. Ich erstarrte. Natürlich war ich unwissend, aber ich fühlte instinktiv, dass es nicht richtig war, was er da tat. Manchmal hätte ich gerne gehabt, dass Mutter mich umarmt und drückt, vielleicht auch Vater. Aber ein fremder Mann? Nein, das wollte ich nicht. Alles in mir wehrte sich, aber er ließ nicht ab, begann schneller zu atmen. Ich solle mich doch entspannen, ihm vertrauen, flüsterte er. Sein Gesicht näherte sich dem meinen, er rieb seine Wange an meiner, die leichten Bartstoppeln kratzten in meinem Gesicht. Er streichelte über mein Haar. Ich versuchte, mich abzuwenden, konnte aber seinem Griff nicht entkommen. Ich war ihm ausgeliefert. Endlich, endlich ließ er von mir ab, und ich durfte gehen. Verwirrt ging ich wieder in mein Bett und wagte, kaum zu atmen. Was um Gottes willen hatte er gewollt? Ich fand keine Antwort.

Ein paar Tage vergingen, und er rief mich abermals auf sein Zimmer. Ich erschrak wieder, erstarrte. Diesmal zog er mich auf seinen Schoß und wollte mit mir schmusen, mich küssen. Ich spürte sein hartes Glied an meinen Oberschenkeln und seinen heißen Atem im Gesicht. Was will er, was will er, alles schrie in mir. Ich wollte mich ihm entwinden, konnte aber seiner Umklammerung nicht entkommen. Ich muss in seinen Armen zu einem Stück Holz erstarrt sein, und das war mein Glück. Er war offensichtlich nicht zufrieden mit mir. Er seufzte und ließ mich endlich, endlich wieder gehen.

Allmählich wurde unter uns Jungen geflüstert. Den und den und den hat sich der „schwule Präfekt", so nannten wir ihn jetzt, auf sein Zimmer geholt. Wir wussten es nicht besser. Erst sehr viel später habe ich den Begriff „Pädophilie" kennengelernt, also das primäre sexuelle Interesse einer Person an Kindern, die noch nicht die Pubertät erreicht haben. Auch wenn es nicht zum Äußersten gekommen ist, so hat mich dieser Präfekt doch verstört und traumatisiert zurückgelassen. Und nicht nur mich. Einmal sprach mich ein Junge an, ob er mich denn auch auf sein Zimmer geholt habe? „Ja", bestätigte ich leise. Ich hätte es nie gewagt, die Sache anzusprechen. „Mich hat er sogar in seinem Bett gehabt", sagte der Junge traurig und voller Bitternis.

Meine Kindheit ging mit diesem traumatischen Erlebnis auf jeden Fall endgültig zu Ende.

Das Ganze ging wohl noch ein paar Wochen so weiter. Jeden Abend zitterte ich, wenn der hagere, selbstsichere und kalt lächelnde Präfekt in den Schlafsaal schlich und sich seine Opfer aussuchte.

Dann, auf einmal, verschwand er so plötzlich, wie er gekommen war. Vielleicht waren der Heimleitung die Gerüchte zu Ohren gekommen, die da flüsternd von Mund zu Mund gingen? Hatte ein Junge davon zu Hause erzählt? Waren Eltern eingeschritten? Ich hätte es nie gewagt, meinen Eltern von meinen verstörenden Erlebnissen zu erzählen, dazu fehlte mir der Mut. Wahrscheinlich hätten sie mir auch gar nicht geglaubt. Oder sie hätten es nicht wahrhaben wollen. Ein katholischer Geistlicher macht so etwas nicht! Mutter muss auf jeden Fall meine Verstörung gespürt haben. Als ich endlich wieder einmal nach Hause durfte, fragte sie mich ein paar Mal eindringlich, ob denn alles in Ordnung sei. Ob mir denn etwas fehle, ob es mir nicht gut ginge? Ich antwortete nicht. Nein, es war nicht alles in Ordnung, aber was hätte ich ihr sagen sollen?

Niemand erklärte uns, warum er gegangen war. Ein Gerücht ging um, er sei nach England versetzt worden. Er sei so intelligent, dass er mit höheren Aufgaben betraut worden sei. Wir auf jeden Fall weinten ihm keine Träne nach. Wer weiß, was er wohl noch alles angerichtet hätte, wenn er hätte bleiben dürfen?

Erst sehr viel später habe ich Mutter behutsam von meinen verstörenden Erlebnissen im Heim erzählt. Sie war ahnungslos, schockiert und zornig. „Und solchen Leuten haben wir unser Kind anvertraut? Dafür haben wir alle so viele Opfer und Entbehrungen auf uns genommen?", fragte sie leise und traurig.

 Steinige Wege

Ich will nicht undankbar und ungerecht sein. Nein, nicht alles im Heim war schlecht. Man hatte genug zum Essen und Unterhaltung; auch gute Freundschaften unter uns Jungen entwickelten sich.

Nach dem plötzlichen Abgang des verhängnisvollen Präfekten bekamen wir wieder einen neuen. Er war ein sehr anständiger Mensch, ja er wurde fast ein Kumpel für uns. Er begeisterte sich für Fußball und war ständig mitten unter uns. Außerdem war er überhaupt nicht frömmlerisch und besserwisserisch und ließ uns viele Freiheiten. Durch ihn kam ich in der Oberschule das erste Mal mit der englischen Sprache in Kontakt, die er uns in den Grundzügen geduldig beizubringen versuchte. In den öffentlichen Schulen gab es damals noch kein Englisch.

Ich begann, immer mehr zu lesen. Anfangs begeisterte ich mich mit einem Freund für eine Western-Heftreihe. Wir konnten es kaum erwarten, bis es wieder Samstag wurde, an dem das neue Heft beim Händler eintraf. Ich lernte schwimmen im städtischen Schwimmbad und bestand die Schwimmprüfung. Diese erlegten uns unsere Vorgesetzten auf, bevor wir uns ins große Becken wagen durften.

Nach der Mittelschule, Anfang der 1970er Jahre, stellte sich die Frage: Welche Oberschule besuche ich? Bis jetzt war es immer eine unumstößliche Tatsache und selbstverständlich gewesen, dass wir Heimschüler eine „mädchenfreie Zone" zu besuchen hatten. Das kirchliche Klassische Lyzeum, einige Kilometer weit entfernt. Ich bin fast ein bisschen stolz darauf, dass wir, vier, fünf Buben, den Aufstand wagten und uns weigerten, dorthin zu gehen. Wir wollten auf die staatliche Schule, ins Wissenschaftliche Lyzeum. Und es war fast ein Wunder, wir konnten uns nämlich durchsetzen. Für mich war es allerdings die falsche Schule, war doch das Lyzeum schwerpunktmäßig auf die Mathematik hin ausgerichtet, und dieses Fach war immer meine Schwachstelle gewesen.

Wir Heimzöglinge waren allerdings oft die Außenseiter in der Klasse. Wir outeten uns schon äußerlich durch unsere Kleidung als Bauern- und Heimkinder, denn mit der neuesten Mode, welche die „Stadtler" trugen, konnten wir nicht mithalten. Ich fand kaum Zugang zu ihnen. Ich war extrem schüchtern und war, wahrscheinlich durch mein traumatisches Erlebnis, im wahrsten Sinne des Wortes sprachlos und sehr, sehr einsam geworden. Ich war total niedergeworfen worden und musste mich erst wieder mühsam aufrappeln. Es war ein schmerzhafter und steiniger Weg. Ich stand oft neben mir; mein Selbstbewusstsein war am Boden. Es war ein Kampf mit mir selbst und gegen viele Gespenster, die ich erst mühsam besiegen und vertreiben musste.

Meistens saß ich neben dem größten Außenseiter der Klasse, neben einem Jungen, der damals schon offensichtliche Drogenprobleme hatte. Immer wieder verschwand er während des Unterrichts auf dem Klosett und kehrte total benebelt, bekifft und benommen zurück. Er fehlte oft, und wenn er da war, saß er den Unterricht teilnahmslos ab. Immer wieder sank sein lockiger Kopf nach unten, und er war in einer anderen Welt. Ihm fühlte ich mich damals irgendwie verbunden, auch ohne viele Worte. Auch er wurde allein gelassen und lebte in seiner eigenen Welt. Er war neu in die Klasse gekommen, musste das Schuljahr wiederholen. Dann verschwand er aus der Schule und aus meinem Leben. Niemand hat ihm geholfen, oder er ließ sich nicht helfen. Erst sehr viel später habe ich erfahren, dass er an seinen Drogenproblemen zugrunde gegangen ist.

Im Heim bedeutete der Besuch der Oberschule einen Aufstieg. Einen Aufstieg im wahrsten Sinne des Wortes, denn wir durften aus dem Massenschlafsaal der Mittelschüler in den „Olymp", in den Götterhimmel, aufsteigen, in die oberen Stockwerke des Heimes. Hier bezogen wir ein Doppelzimmer. Wir fühlten uns als etwas Besonderes, denn durch den Aufstieg in den „Olymp" hoben wir uns von den Mittelschülern ab. Allein schon durch unseren eigenen Präfekten.

Die Sternsinger und der „Stroh"-Rum

Ich habe extra in einem Internet-Lexikon nachgeschaut. Wer es nicht weiß: „Stroh"-Rum ist das bekannteste Produkt aus dem österreichischen Hause Stroh, ein Rum mit 80 Prozent Alkoholgehalt. Aber alles der Reihe nach.

Es war in den Weihnachtsferien, und ich werde wohl sechzehn oder siebzehn Jahre alt gewesen sein. Ich besuchte also die zweite oder dritte Klasse der Oberschule. Als hoffnungsvoller Priester- oder gar Missionarsanwärter hatte man mir im Dorf eine äußerst verantwortungsvolle Aufgabe übertragen. Ich sollte die Sternsinger begleiten, drei Buben, elf, zwölf Jahre alt, die als Heilige Drei Könige verkleidet von Haus zu Haus gehen sollten. Kaspar, Melchior und Balthasar. In der Zeit der zwölf Weihnachtstage, vom 25. Dezember bis zum 6. Januar, oder auch darüber hinaus sollten wir Geld für wohltätige Zwecke sammeln. Dieses wurde für Entwicklungshilfeprojekte verwendet, die Kindern in Not weltweit helfen.

Ich war mir der Verantwortung und der zugleich ehrenvollen Aufgabe, welche auf mich zukam, voll bewusst. Und mir wurde ganz flau im Magen.

Am Vortag lernte uns der Pfarrer noch ab. Die drei Sternsinger sollten in den Stuben einen Reim aufsagen und ein kleines Lied singen. Danach sollte der Schatztruhenträger die milden Gaben der Leute in Empfang nehmen. Ich musste die Auftritte leiten und mich bei den Leuten höflich bedanken. Der Pfarrer übergab mir drei Ministrantenröcke, eine hölzerne

Schatztruhe, ein Weihrauchfass, ein Weihrauchschiffchen, einen mit Goldbronze bemalten Schweifstern auf einer Stange, eine Büchse Schuhcreme und Kreiden. Warum die Schuhcreme, werdet ihr euch fragen. Einer der drei Buben sollte ja Balthasar darstellen, und deshalb musste ich sein Gesicht und seine Hände mit der Schuhcreme schwärzen. Balthasar war zugleich auch der Schatztruhenträger. Die Kreiden? Nach dem Auftritt in der Stube musste ich mit der Kreide die Buchstaben C+M+B und die vierstellige Jahreszahl auf das Querholz des Türstockes schreiben, zwei Zahlen vor dem C, und zwei nach dem B. C+M+B steht übrigens für: „Christus mansionem benedicat – Christus segne dieses Haus." Das C+M+B steht also nicht für „Caspar, Melchior und Balthasar", wie manche meinen.

Ihr seht also, ich war bestens instruiert und nahm die Sache keineswegs auf die leichte Schulter, wie man mich vielleicht verdächtigen könnte. Gemeinsam mit dem Pfarrer übten wir noch das kurze Lied, und die Buben wurden beauftragt, ihre Verslein auf den nächsten Tag auswendig zu lernen. Alles klappte wie am Schnürchen, und nichts konnte mehr schiefgehen. So dachte ich. Ich war also ziemlich ruhig.

Am nächsten Morgen ging es los. Das erste Problem ergab sich schon, als ich Balthasars Gesicht schwärzen wollte. Ich fingerte einen Batzen stinkende Schuhwichse aus der Büchse und rieb damit sein Gesicht ein. Daraufhin Geschrei! Was war da los? Meine Schuld war es jedenfalls nicht. Balthasar hatte seine Augen während der Prozedur nicht geschlossen, und die Schuhwichse war ihm wohl in die Augen geraten.

Ich musste den brüllenden Buben nach Hause bringen, wo ihm seine Mutter zuerst die brennenden Augen auswusch und dann vorsichtig sein Gesicht wieder schwärzte. In Zukunft würde sie das immer selber machen und nicht ich, sagte sie tadelnd zu mir.

Das erste Haus. Und schon wieder ein Schock. Die Buben konnten ihre kurzen Verslein nicht auswendig. Was blieb mir da anderes übrig, als den Zettel herauszuziehen und die Verslein vorlesen zu lassen? Das Liedchen, welches am Vorabend doch einigermaßen gut geklungen hatte, klang jetzt ganz erbärmlich, ja abscheulich. Kurzum, unser erster Auftritt wurde eine Blamage. Bis zum Abend wurde das Ganze zwar etwas besser, aber beileibe noch nicht gut. Ich entließ die drei Buben am Abend mit dem eindringlichen Appell, ihre Verse endlich auswendig zu lernen.

Und siehe da, am nächsten Morgen waren die Buben schon beinahe reimsicher. Ich brauchte nur ein paar Mal einzuflüstern, und auch das Liedchen klang auf einmal gar nicht mehr so übel. Wir bekamen allmählich Routine.

Bis sich gegen Mittag der Rauchfassträger Caspar und der Mohr Balthasar aus irgendeinem nichtigen Grund in die Haare gerieten. Fäuste flogen und Haarbüschel. Wieder Geschrei! Ich versuchte, meine ganze Autorität in die Waagschale zu werfen und den Streit zu schlichten, anfangs allerdings mit recht wenig Erfolg. Mohrenkönig Balthasar und Caspar, der Rauchfassträger-König, balgten sich im Schnee. Balthasar sah aus wie ein Schecke, die Schuhwichse in seinem Gesicht war teilweise abgegangen. Als sich die Gemüter endlich wieder beruhigt hatten, mussten wir erneut eine Schminkpause in Balthasars Haus einlegen. So konnten wir beim besten Willen nicht mehr weitermachen. Dort erntete ich den zweiten missbilligenden Blick von Balthasars Mutter. Als ob ich gerauft hätte und nicht ihr Sprössling! Dann endlich konnte es wieder weitergehen.

Es folgten einige recht ruhige Tage, und ich dachte schon, ich hätte nun das Schlimmste hinter mir. Weit gefehlt! Auf einem Hof oberhalb des Dorfes waren nur ein paar junge Mädchen zu Hause, als wir möglichst würdevoll in die Stube traten. Die Mädchen waren etwa im gleichen Alter wie meine Könige. Was tun? Es wurde hin- und hergekichert, niemand wollte anfangen. Plötzlich sagte mein Sternträger-König Melchior: „Wegen der drei *Gitschen* werden wir doch nicht singen, das ist mir echt zu blöd. Gebt uns das Geld, und wir gehen!" Daraufhin verließ er kurzerhand die Stube. Meine ganze Autorität ging endgültig den Bach hinunter, als auch die übrigen zwei Könige aus der Stube stürmten. Um nichts auf der Welt waren sie noch einmal zu bewegen, ihr Sprüchlein doch noch aufzusagen. Also weiter! Allerdings mit einem ziemlich mulmigen Gefühl in der Magengegend und Schuldgefühlen.

Die Quittung für unsere peinliche Einlage in der Mädchenstube kam schon am nächsten Tag. Die Gören hatten uns offensichtlich verpetzt. Der Bauer war wutentbrannt zum Pfarrer gelaufen und hatte sich über uns beschwert. Ob denn seine Familie zu minder sei, als dass die „ehrwürdigen Heiligen Drei Könige" in seiner Stube singen würden? Ich gebe zu: Er hatte recht gute Argumente dafür, um zornig zu sein. Der Pfarrer schüttelte missbilligend seinen Kopf, traute sich aber nicht, mich zu tadeln. Wahrscheinlich hatte er Angst, dass ich alles hinschmiss. Zu Recht, viel hätte nicht mehr gefehlt.

Wer nun gedacht hat, ich hätte nun endlich das Gröbste überstanden, hat sich gründlich getäuscht. Es kam noch schlimmer, aber zumindest bin ich mir in diesem Fall keiner großen Schuld bewusst. An einem der letzten Tage, Gott sei Dank, kamen wir wieder auf einen Berghof. Der Bauer war der Maskenschnitzer mit den zwölf Kindern, von ihm hat Franziska schon erzählt. Er war bekannt dafür, dass ihm der Schalk ständig im Nacken saß. Wir traten in die Stube, und die Könige sagten routiniert ihre Verslein auf. Dann sangen wir unser Liedchen und hielten dem Bauern das Schatzkästlein unter die Nase. „Bravo", lobte uns der Motzilebauer, „sehr gut gemacht." Ich schmolz dahin vor Freude. Endlich einmal ein Lob für unsere Darbietung und nicht immer nur Kritik. „Setzt euch hin", sagte der Bauer vertrauenerweckend, „und trinkt einen Tee mit uns." Wir nickten freudig, und seine Frau goss uns dampfenden Tee in die Tassen. Draußen war es bitterkalt. Da zog der Bauer eine flache, braune Glasflasche aus seinem Wandkästchen hervor. Das Etikett leuchtete orangerot, und auf ihm stand „Stroh" und darunter groß „80". Ich kann mich noch sehr gut daran erinnern. „Damit ihr nicht zu kalt bekommt", sagte er Tabak kauend, lachte durch seinen Vollbart und goss uns einen kräftigen Schuss in die Tassen. Die Unterhaltung wurde sehr vergnüglich, und wir wurden immer lustiger. Die ganze Sache machte so endlich Freude!

Als wir schließlich wieder ins Freie traten, begann der 80-prozentige Rum schlagartig seine Wirkung zu entfalten. Meine Erinnerung ist nur noch dunkel und bruchstückhaft. Auf jeden Fall hatten wir sehr viel Spaß, und am Ende fanden wir uns alle wieder vor Lachen brüllend am Fuße eines Abhanges wieder. Mit zerbrochenem Stern und zerrissenen, verschmutzten Ministrantenröcken. Nach einiger Zeit lichtete sich bei mir der Nebel etwas, und ich erschrak. Die Heiligen Drei Könige waren total betrunken. Unsere Requisiten fehlten. Nach einigem Suchen fand ich endlich das etwas verbeulte Rauchfass wieder, es war den Abhang heruntergerollt, und das zum Glück noch unversehrte Schatzkästlein. Balthasar war kein Mohr mehr, der Großteil der Schuhwichse war im Schnee zurückgeblieben. Nur noch ein paar klägliche Reste in seinem Gesicht zeugten noch vom ehemals stolzen Mohrenkönig.

Von einem Weitermachen konnte an diesem Tag keine Rede mehr sein. Ich raffte die königlichen Utensilien zusammen, ebenso die verschmutzten Chorröcke. Dann schickte ich meine total beschwipsten Untergebenen nach Hause.

Mutter wusch die Ministrantenröcke aus und trocknete sie am heißen Ofen. Sie fragte nicht lange nach, wofür ich ihr unendlich dankbar war, und Vater flickte wort- und klaglos den Schweifstern.

In den nächsten Tagen brachte ich das denkwürdige Sternsingen mit Anstand und Würde zu Ende.

Zumindest für den Streich auf dem Motzilehof konnte ich nicht verantwortlich gemacht werden. Da war schon ein verschmitzter Bauer daran schuld, der sich höchstwahrscheinlich mächtig in seinen Vollbart gelacht hat.

Ich war wirklich erleichtert, dass ich in den nächsten Jahren nicht mehr mit dem Amt des Begleiters der Heiligen Drei Könige betraut wurde. Die kirchliche Obrigkeit war offensichtlich wohl doch nicht zufrieden mit unserer Leistung gewesen. Obwohl wir uns doch alle Mühe gegeben und einen stattlichen Geldbetrag eingesammelt hatten.

 # Rebellion und hinaus ins Leben!

Allmählich kam ich so richtig in die Pubertät und somit in eine leicht rebellische Phase. Meine Lieblingsschuhe waren, wahrscheinlich von meinen Helden aus den Western-Heften inspiriert, hohe Cowboystiefel. Außerdem ließ ich mir die Haare schulterlang wachsen. Vater mit seiner Schermaschine ließ ich nun nicht mehr an meine dunkelbraunen Haare heran. Vorher war niemand von uns Buben ungeschoren davongekommen. Er hatte uns regelmäßig Schneisen der Verwüstung in unsere Haarpracht geschoren.

Vater hat nie sonderlich gegen meine längeren Haare protestiert, was mich wunderte, auch nicht, als ein Nachbarbauer, ein Quartalssäufer, ihn in meiner Gegenwart im Rausch angepöbelt hat. Wenn ich sein Sohn wäre, würde er mir eigenhändig mit einer Schafschere die *„long Zöütn"*, also diese langen Haare, abschneiden. Vater klopfte ihm beruhigend auf die Schulter und nahm es ruhig und gelassen hin. Ich hingegen hatte ab nun einen Riesenzorn auf diesen scheinheiligen Nachbarn, der nur im Rausch den Mut gehabt hatte, so etwas zu sagen. Außerdem hatte er einmal meine Lieblingsschwester beleidigt. Auch im Rausch, denn er hatte oft einen. Er hatte zu meiner Mutter gesagt, wenn es eine seiner Töchter wagen würde, Hosen zu tragen, dann würde er sie ihr eigenhändig vom Leibe reißen und auf einem Hackstock in Fetzen hacken.

So waren die Zeiten noch, damals. Zum Glück änderten sie sich schnell. Schon ein paar Jahre darauf musste sich auch unser Nachbar an Mädchenhosen, übrigens auch an den Beinen seiner eigenen Töchter, gewöhnen. Auch an den „Bubikopf" seiner Tochter, denn damals fielen auch die Zöpfe der Schere zum Opfer. Auf einmal war es nicht mehr „in", Zöpfe zu tragen.

Wir Heimschüler waren frustriert und problembeladen, von pubertären Sehnsüchten erfüllt. Die Jugendlichen aus der Stadt konnten am Abend ausgehen, ins Kino, sich mit Gleichaltrigen treffen. Und wir? Saßen da in unserem „Gefängnis" und drückten unsere Pickel aus. An einem Faschingsdonnerstag, am „Unsinnigen", brachen einmal alle Dämme. Endlich muss ich sagen, aus heutiger Sicht.

Wir waren zu viert, Oberschüler, fünfzehn, sechzehn Jahre alt. Wir waren wild entschlossen, endlich einmal etwas zu erleben, Mädchen kennenzulernen. Wir zogen also am Nachmittag in die Stadt los. Wir hatten unser gesamtes Taschengeld zusammengekratzt. Ausgehen kostet eben, schon damals war das so. Was konnten wir tun? Wir landeten im Astra-Kino. Dann in einer Bar. Ein Bier, ein Schnaps, noch ein Bier, wieder einen Schnaps. Wir bekamen alles, ohne Probleme, auch als wir schon sturzbetrunken herumtaumelten. Wir lachten, alberten, sprachen über Mädchen, die wir natürlich in unserem Zustand nicht kennenlernten. Egal, endlich verloren wir einmal alle Hemmungen, waren ausgelassen, lachten und scherzten. Endlich waren wir irgendwie frei. Wie und wann wir wieder ins

Heim gelangten, weiß ich nicht mehr. Uns war, im wahrsten Sinne des Wortes, speiübel. Ein Freund musste ins Krankenhaus eingeliefert und sein Magen ausgepumpt werden.

Am nächsten Tag der Kater, das Schimpfen, die Vorwürfe des Präfekten, die zweiwöchige Ausgangssperre. Aber wir waren seltsamerweise nicht etwa traurig. Nein, im Gegenteil, wir waren irgendwie frei, ja in Hochstimmung. Irgendwie stolz sogar. Wir hatten es gewagt, eiserne Regeln, ja Tabus zu brechen, und ernteten dabei bei unseren Kollegen Anerkennung, ja Neid, nicht dabei gewesen zu sein. Wir hatten unseren Spaß gehabt, und unsere Köpfe waren wieder für eine Weile frei. Dass wir nicht nach Hause geschickt wurden, hatten wir wahrscheinlich dem Umstand zu verdanken, dass wir zu viert gewesen waren, und außerdem war es der Unsinnige Donnerstag gewesen. Und so viele Schäfchen auf einmal wollte man doch nicht aus Gottes Herde verbannen, zumal wir ja, damals noch immer, hoffnungsvolle Anwärter auf das Priesteramt waren.

Unsere Eskapade wiederholte sich im darauffolgenden Jahr aber wieder. Wieder Ausgangssperre, aber die war uns ziemlich egal. Für eine Weile waren unsere Köpfe wieder frei, und das war uns offensichtlich zu einem großen Bedürfnis geworden.

Kurz vor der Matura wurde es ernst. Einer nach dem anderen wurde von unserem Präfekten auf sein Zimmer geholt. Er schaute uns eindringlich in die Augen. Man wollte nun endlich von uns wissen, wie wir es mit dem Priesterberuf hielten. Betretenes Schweigen, dann ein zaghaftes Nein. Das Ergebnis war, dass sich die Stimmung uns gegenüber schlagartig veränderte. Man ließ uns nur noch sehr widerwillig im Heim bleiben, bis zum Ende der Matura. Wir spürten: Wir waren nicht mehr willkommen. Aber was sollte ich tun? Ich hatte nie daran gedacht, Priester zu werden. Es schien mir einfach nicht reizvoll. Ich war schon zu neugierig auf das Leben außerhalb des Heimes geworden. Auf neue Abenteuer. Ich wollte nur noch hinaus, hinaus ins Leben!

Dank

Dass die Erinnerung nicht stirbt mit den Menschen … Ich danke allen, die mir geholfen haben, mich zu erinnern, besonders meiner Schwester Maria, welche mir wertvolle Informationen weitergegeben hat. Sie hat sich erinnert – an vieles, das ich schon vergessen hatte.

Wenn ich mit meinem Schreiben Menschen verletzt haben sollte, so war das niemals meine Absicht. Im Gegenteil, an die meisten Menschen, die mich durch meine Kindheit und Jugend begleitet haben, denke ich liebevoll zurück.

GLOSSAR

aufschroten: eine Blockhütte aus Rundhölzern errichten

Aufwarterin: So nannte man im Ahrntal die Pflegerin der Wöchnerin. Sie war in dieser Zeit auch für das Führen des Haushaltes zuständig.

aurinn: in Konkurs gehen

Bärental: Seitental des Ahrntals; es zweigt bei St. Jakob im Ahrntal orografisch links ab.

Bergmahd: Viele Ahrntaler Bauern besitzen eine Bergwiese, die im Hochsommer gemäht wurde, um zusätzliches Heu für die Winterfütterung des Viehs zu gewinnen. Es wurde in Heuschupfen eingelagert, und im Winter auf steilen Ziehwegen zu Tal gebracht.

Bochkibile: große Holzwanne zum Anrühren des Brotteiges

Böxhöüong: Früchte des Johannisbrotbaumes; diese gedörrten Früchte erhielten früher die Neujahrsschreier. Sie wurden gerieben und als Krapfenfüllung verwendet.

Brechlhütte: In der Brechlhütte wurden die Gerätschaften für das Brecheln gelagert.

Brechloch: Als die Pustertaler Bauern noch Flachs verarbeitet haben, wurde in einer Grube, dem Brechelloch, Feuer gemacht, um darüber die Flachsstängel zu rösten. Dann bearbeitete man sie mit der Brechl, einem hölzernen, klingenartigen Gerät. Damit brach man die verholzten Stängel und legte die Flachsfasern frei.

Bure, Heubure: Als Bure bezeichnet man im Ahrntal ein Heubündel beim Heuziehen im Winter. Man schnürte es auf einer *Ferggl*, einem schlittenartigen Holzgerät, und zog die Heubure auf dem Ziehweg zu Tal.

Bürstling: borstiges, hartes Gras

Buschnfasslan: Blumentöpfe

Carabinieri: Gendarmerie Italiens

Dableiber: siehe „Option"

Diele: Der Heustadel war in einzelne Bereiche zur Lagerung des Heus unterteilt.

Driste: kunstvoll um eine Stange aufgeschichteter Heuhaufen

Einhof: ein Bauernhof, bei dem das Feuer- und das Futterhaus in einem einzigen Gebäude untergebracht sind

Eschreiser: Reisig, Zweige einer Esche

Feuerhaus: Wohnhaus eines bäuerlichen Paarhofes

Ferggl: schlittenartiges, hölzernes Gerät, das beim Heuziehen verwendet wurde

Fraktion: Teil einer Gemeinde, Ortsteil

Fremma: „Die Fremden" – so nannte man im Ahrntal die ersten Touristen.

Frotzn: Dieser Ausdruck wurde im Ahrntal abwertend für ungezogene Kinder verwendet.

Futterhaus: Gebäude auf dem bäuerlichen Paarhof, in dem der Stall und der Heustadel untergebracht sind

getäfelt: mit Holztafeln verkleideter Raum

Gisse: Mure; dieser Ausdruck wird im Ahrntal auch als Ortsbezeichnung verwendet, z. B. „auf der Gisse".

Gitsche: Mädchen

Gosse: Mühltrichter, in den das Korn geschüttet wurde

Gromml: Holzlade, in der ein bewegliches Messer zum Zerkleinern von hartem Brot befestigt ist

Groubm: Graben

Hearischa: „Vornehme, Herrische"; im Ahrntal meinte man damit vornehme Leute, die Touristen. Diese nannte man auch *Fremma*, Fremde.

Heuschupfe: aus aufgeschroteten Rundholzstämmen errichtete Heuhütte

Houglmua: Als *Houglmua* bezeichnete man im Ahrntal den stärksten Ranggler oder Raufer eines Dorfes. Unter Ranggeln versteht man eine Art des Ringens im Ostalpenraum.

Hexenbank: Spielgerät, das aus einem aufrecht stehenden Holzstamm besteht, auf dem ein Brett aufgesetzt werden konnte, das sich drehen ließ; man „ritt" auf der Hexenbank, indem sich zwei Personen auf dem Brett gegenübersaßen. Das Brett wurde durch Beinarbeit in eine Drehbewegung versetzt.

Huuztreibm: Ein nicht ungefährliches Kinderspiel aus dem Ahrntal; dabei wurde versucht, eine Blechbüchse mit Stöcken durch die Gegend zu treiben und einander abzujagen.

Jangger: grobe, gestrickte Jacke

Katakombenlehrerin: Während der Zeit des Faschismus war in Südtirol die deutsche Schule verboten. Damit die Kinder dennoch etwas Deutsch lernen konnten, richtete man Geheimschulen, z. B. in Bauernstuben und Heustädeln, ein. Sie wurden nach den verborgenen Gebetsstätten (Katakomben) der römischen Christen genannt. Die Katakombenlehrer/-innen wurden vom italienischen Staat streng verfolgt.

Kleinhäusler (auch „Hüttner"): So nannte man die „minderen Leute" im Ahrntal, welche, außer einem kleinen Haus, nicht viel besaßen.

kehren: Wasser kehren, Wasser in Bahnen leiten, lenken

Kehrtatl: hölzerne, schaufelartige Lade zum Transport des Kehrichts

Kischta, Kirschta: Kirchtag; an diesem Tag wurde im Ahrntal ein besonders reichhaltiges Essen aufgetischt.

Kitzbocken: Nicht ungefährliches Kinderspiel aus dem Ahrntal, bei dem man mit Stöcken auf einen, an beiden Enden zugespitzten Holzprügel schlug; dieser flog dann in die gewünschte Richtung.

Krachale: Kohlensäurehaltiges Orangensaftgetränk in einer kleinen, bauchigen Flasche; beim Aufmachen zischte („krachte") es.

Krapfen (Kropfn): längliches Gebäck aus dem Ahrntal. Sie werden mit einer Quark-Schnittlauch-Kartoffel-Mischung oder mit Mohn gefüllt und in heißer Butter herausgebacken.

Kugla: Kugelschreiber

Kumpf: Wetzsteinbehälter, meist aus Holz; manchmal wurde auch ein Kuhhorn dafür verwendet.

Kuttengeißer: Noch vor etwa 50 Jahren wurde im Ahrntal von den Kleinhäuslern, welche sich oft einige Ziegen hielten, der Kuttengeißer bestellt. Dies war ein Junge aus dem Dorfe, welcher die Aufgabe hatte, die Ziegen auf die Gemeinschaftsweiden zu treiben und sie dort zu beaufsichtigen. Unter einer „Kutte" versteht man eine größere Anzahl von Tieren. Wenn der Junge die Ziegen abholte und sie am Abend wieder zurückbrachte, stieß er in ein Widderhorn. Dies war das Signal dafür, dass die Besitzer ihre Tiere bringen bzw. wiederum abholen konnten. Die Besitzer der Tiere mussten abwechselnd für die Verpflegung des Jungen sorgen.

laabm: Laub von den Eschreisern zupfen; das Laub diente als Viehfutter.

Labl: Abort; meistens war das Labl ein Kasten aus Brettern, der an der Außenmauer des Hofes angebracht war.

Lacherfeld: Das Lacherfeld ist die Wiese des Lacherbauern in St. Jakob. Sie liegt am Buhel unterhalb der Kirche.

Lablkinig: So wurde der Exkrementhaufen in der Lablgrube genannt. Der *Lablkinig* bildete sich besonders im Winter, wenn die heruntergefallenen Exkremente sich Schicht auf Schicht übereinanderhäuften und gefroren. *Lablkinige* erreichten oft eine stattliche Höhe.

Laubmesser: Hackmesser, eine Art Machete, mit dem Eschreiser gehackt und Äste zerkleinert werden

Lichtmess: 2. Februar, der 40. Tag nach Weihnachten; an diesem Tag pflegten die Dienstboten im Pustertal, ihren Arbeitsplatz zu wechseln.

Locke: Lache, kleiner See

Mahd: das gemähte Gras

Machhütte: Werkstatt eines Bauernhofes

Maislan: rundes Germteiggebäck, das manchmal mit Marmelade gefüllt war

Marende: Zwischenmahlzeit am Nachmittag, meistens kalt

Menglstuadlan: So wurden im Ahrntal die Krokusse genannt. Der Ausdruck bedeutet etwa „verlorene Steinchen".

Minznbreatlan: kleine, runde Pfefferminzbonbons

Mortadella: italienische Wurstspezialität

Muddla: Dreschmaschine

Nazionali: italienische Billig-Zigaretten ohne Filter

Neujahrsschreien: Ahrntaler Brauch am 1. Januar; an diesem Tag gehen die Kinder von Haus zu Haus und schreien vor den Häusern einen Neujahrswunsch. Dafür erhalten sie Süßigkeiten oder ein Geldstück.

Nigilan: Germteiggebäck

Nüisch: tiefe Holzrinne, in der das Wasser auf die Mühlräder geleitet wird

Ofenhöhle: Im Ahrntal bezeichnet man den engen Spalt zwischen Wand und Ofen als Ofenhöhle *(Öfnhelle).*

Öfnkrickl: Holzkratzer, mit dem nach dem Beheizen des Backofens die glühenden Kohlen aus dem Backofen gekratzt wurden

Öfnzüisse: nasser Lappen, der an einer Holzstange befestigt ist; mit ihm wurde nach dem Heizen des Backofens und nach der Entfernung der glühenden Kohle der Backofen grob gesäubert. Mit dem

Begriff *Öfnzüisse* pflegte man im Ahrntal, manchmal auch eine sehr unattraktive Frau zu bezeichnen.

Optanten: Siehe „Option".

Option: Die Option (auch „Wahl") bezeichnet eine von den beiden faschistischen Diktaturen Italien und Deutschland zwischen 1939 und 1943 erzwungene Wahlmöglichkeit für deutschsprachige Südtiroler und Ladiner, ihre Südtiroler Heimat zu verlassen und die Option für Deutschland auszuüben (Optanten) oder in Südtirol zu verbleiben (Dableiber), wo sie jedoch weiterer sprachlicher und kultureller Unterdrückung und Italianisierung ausgesetzt waren (vgl. wikipedia.org).

Oumochn: Säubern des Korns mit der Windmühle

Polenta: italienisches Maismehl

Potschn: Pantoffeln; sie wurden früher aus Lodenstoff hergestellt.

Pustra Buibm: Aktivistengruppe aus dem Tauferer-Ahrntal, welche in den 1960er Jahren immer wieder durch Anschläge auf die prekäre Situation der Südtiroler Bevölkerung im Staat Italien aufmerksam machen wollte.

Raatsche: Eine *Raatsche* ist eine hölzerne Maschine, welche aus einer Noppenwelle besteht, die man mit einer Handkurbel dreht. Die an der Welle angebrachten Holznoppen biegen bei der Drehung die kurzen, am Rahmen der *Raatsche* befestigten Holzstangen zurück. Diese schnellen dann mit einem lauten Knall wieder zurück. Der Lärm der Raatsche ersetzt in der Karwoche das Glockengeläut.
Im Ahrntal versteht man unter einer *Raatsche* auch eine Person, die nichts lieber macht als Geheimnisse sofort aus- und weiterzuplaudern.

Ribbla: Kaiserschmarren

Saukopf: Lawinenschutzmauer

Schaff: offene, längliche Wanne

Schiffl: kleines Schiff, auch kleiner Behälter, z. B. für Weihrauch

Schpoubixe: Sparbüchse

Schpoubiëchl: Sparbüchlein

Schupfe: Hütte

Schüttmauer: Feldmauer aus zusammengetragenen Feldsteinen

Schwendtouge: Die Dienstage und Donnerstage galten im Ahrntal früher als gefährliche Tage, als Tage, die von den unheimlichen Mächten beherrscht wurden. An diesen „Schwendtagen" war es tabu, bestimmte Arbeiten zu verrichten oder das Vieh auf die Almen zu treiben.

Söller: Balkon der Bauernhäuser

Spagat: dicke Schnur

Speisteller: Teller, welcher beim Verabreichen der Hostie durch den Geistlichen verhindern sollte, dass eine Hostie aus Versehen zu Boden fiel

Stibich: Rückentrage-Behälter aus Holz; mit dem Stibich wurde vor allem Korn und Mehl getragen.

stifl: Die Roggengarben wurden zum Trocknen um eine in den Boden gesteckte Stange geschichtet.

Stille Hilfe: Stille Hilfe für Südtirol e. V. war von 1963 bis 2003 ein gemeinnütziger Verein, der sich laut Satzung für „in Not geratene Angehörige der Deutschen Volksgruppe in Südtirol" einsetzte (vgl. wikipedia.org).

Struuzn: längliches Weißbrot

Südtiroler Ordnungsdienst: Der Südtiroler Ordnungsdienst (ursprünglich Sicherungs- und Ordnungsdienst, Abkürzung SOD) war zwischen 1943 und 1944 eine polizeiähnliche Hilfstruppe in Südtirol während der Zeit der Operationszone Alpenvorland.

Sunnsate: Sonnseite

Sure: Jauche

tikkn: necken

Töüte: Patin

untotreibm: Bevor im Ahrntal das Vieh auf die Almen getrieben wurde, musste man es „untotreibm", d. h., es musste ans Gehen gewöhnt werden.

Volksbote: Südtiroler Wochenzeitung

Waisat: Mitbringsel nach der Geburt eines Kindes

wallischo Fock: italienisches Schwein, grobes Schimpfwort

Weihbrunn: Weihwasser

Windmihle: Windmühle, Gerät zum Säubern des Korns

Wöchnerin: Frau, die nach einer Geburt für eine Woche das Bett hüten durfte

Zaine: ein von Mauern oder einem Zaun begrenzter Weg

Zintstecken: ein mit einem Eisenzacken bewehrter Wanderstock

Zöütn: Dieser Ausdruck wird im Ahrntal abwertend für lange, ungepflegte Haare verwendet.

Zuggòle: Bonbon

KLUGES KÖPFCHEN
Bauernmädchen Anna
geb. 1912 in Südtirol

224 Seiten, 13 x 19 cm, Paperback
ISBN 978-88-6839-097-6

»Kluges Köpfchen« beschreibt die Kindheit und Jugend der hochbegabten Anna, eines Bergbauernmädchens aus Südtirol. Es ist ein historischer Roman, der in der Zeit des Faschismus spielt; ein Buch über »Katakombenschulen«, Armut, über Liebe und Hoffnung einer starken Südtirolerin, die schließlich ihr Schicksal meistert.

Als die Kinder aus den Krautköpfen kamen
Damals in Südtirol

136 Seiten, 13 x 19 cm, Paperback
ISBN 978-88-6839-042-6

Die kleine Hannah will wissen, wie Sex funktioniert. Deshalb schaut sie dem Stier vom Huberbauern beim Liebesspiel mit den Kühen zu. Doch richtig schlau wird sie aus der Sache nicht. Denn Kinder kommen aus den Krautköpfen, hat sie gehört …

Harte Jahre – starke Frauen
Südtirolerinnen erzählen

192 Seiten, 12 x 18,5 cm, Hardcover
ISBN 978-88-6839-102-7

Das Buch erzählt wahre Geschichten aus dem Leben von fünf Südtirolerinnen, beginnend in der Habsburgermonarchie um 1900 bis heute. Unter dem gemeinsamen Hintergrund von Faschismus, Krieg, Nachkriegszeit und Aufbruch in die Moderne berichten sie von ihrem Weg durch das 20. Jahrhundert, gezeichnet von schwerer Arbeit, Armut und Unterdrückung, aber auch von Momenten des Glücks, von Kraft und Stärke.